Friedrich Anton Zürn

Geist und Seele der Pferde

Friedrich Anton Zürn

Geist und Seele der Pferde

ISBN/EAN: 9783743321472

Hergestellt in Europa, USA, Kanada, Australien, Japan

Cover: Foto ©berggeist007 / pixelio.de

Manufactured and distributed by brebook publishing software
(www.brebook.com)

Friedrich Anton Zürn

Geist und Seele der Pferde

Unsere Pferde.

Sammlung zwangloser hippologischer Abhandlungen.

8. Heft.

Die

intellektuellen Eigenschaften

(Geist und Seele)

der Pferde.

Von

Professor Dr. F. A. Zürn,

K. S. Hofrat.

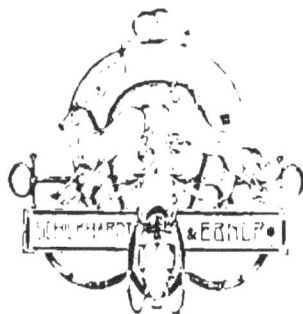

Stuttgart.

Verlag von Schickhardt & Ebner (Konrad Wittwer).

1899.

Vorrede.

Wenn man unter Beurteilungslehre des Pferdes nur die Lehre vom sogen. Exterieur dieses Tieres versteht, d. h. also jene Disziplin landwirtschaftlicher Tierheilkunde, welche uns unterrichtet, wie man aus der äusseren Körperbeschaffenheit eines Pferdes einen richtigen Schluss auf dessen Brauchbarkeit zu den verschiedenen Nutzungszwecken ziehen soll, so hat eine derartige Beurteilungslehre sich nicht mit den geistigen Fähigkeiten dieses Pferdes zu beschäftigen.

Wem aber daran gelegen ist, den Wert der Pferde wirklich zu schätzen, der muss noch sehr viel mehr in Betracht ziehen als das Aeussere derselben, so deren Gesundheit oder Krankheit, Konstitutionen und Temperamente, viele innere anatomisch-physiologische Verhältnisse u. s. w. bei denselben, vor allem aber die geistige Befähigung dieser Tiere.

In letztgenannter Beziehung wurde noch sehr wenig geschrieben, vielleicht weil es ein recht schweres und heikles Kapitel ist. Wohl hat man einzelne Mitteilungen über Intelligenz der Pferde publiziert, nicht aber hat man sich in umfassenderer Weise und mehr im Zusammenhange über Geist und Seele der Pferde geäussert.

Solchem Mangel abzuhelfen schrieb Unterzeichneter dies Büchlein.

Professor Dr. Zürn.

Die intellektuellen Eigenschaften (Geist, Seele) der Pferde.

Keinem denkenden Menschen wird es einfallen zu leugnen, dass zwischen dem Geiste des Menschen und dem der Tiere eine mächtige, kaum überbrückbare Kluft liegt, aber ebensowenig können wir dazu kommen, den letzteren eine hohe Entwicklung der Geisteskräfte abzusprechen, welche uns ja deutlich und prägnant genug in allen Handlungen derselben sich offenbart. Zu den intelligentesten Tieren gehört ohnfehlbar das Pferd und sein geistiges Vermögen ist von jeher Gegenstand des lebhaftesten Interesses gewesen.

Berücksichtigen wir zunächst den Einfluss des Grosshirnbaues auf die geistige Befähigung, denn, dass das Grosshirn des Menschen und der Tiere das Organ der höheren Seelenthätigkeit ist, ist durch unsere Physiologen unzweifelhaft nachgewiesen worden. Ebenso steht fest, dass, je leichter das Gewicht des Rückenmarkes gegenüber dem Gewicht des Gehirnes eines Tieres sich zeigt, um so grösser des letzteren intellektuelle Eigenschaften sind. Grosshirnlappen scheinen für letztere von der hauptsächlichsten Bedeutung zu sein und es ist vollkommen richtig, was Munk in seiner Physiologie des Menschen und der Haustiere sagt: „Die vergleichende Anatomie zeigt uns eine vollständige Proportionalität zwischen Ausbildung der Gehirnlappen und dem Grad der vorhandenen geistigen Fähigkeiten. Zahl und Tiefe der Windungen, sowie Dicke der grauen Substanz kommen dabei mit in Betracht, so gut wie das relative Gehirngewicht."

Munk giebt zum Beweise dafür, dass es bei den geistigen Thätigkeiten eines Wirbeltieres wesentlich auf die Ausbildung der Grosshirnlappen ankommt, Folgendes an: Mikrocephale Menschen, bei denen die gesamten Hirnlappen unentwickelt bleiben, weisen auch nur geringe geistige Fähigkeiten auf. Experimentale Abtragung dieser Grosshirnlappen hatte bei Tieren Schlafsucht, grosse Stumpfsinnigkeit u. s. w. zur Folge, sowie dieselben ausgeschnitten wurden, gingen das Wollen, Hören, Sehen, Riechen, bewusstes Empfinden und alle Denkfähigkeit verloren.

Früher legte man ein Hauptgewicht auf die absolute Schwere des Gehirnes und liess von diesem die geistige Befähigung abhängig sein. Freilich hat der Mensch das absolut schwerste Gehirn (der Mann ein solches von 1390 gr. i. D., das Weib von 1240 gr. i. D. an Gewicht). Schon der Umstand, dass Mann und Frau in der absoluten Schwere ihres Gehirnes von einander abweichen, bezeugt den Irrtum der Annahme, die Geistesthätigkeiten des Menschen seien hauptsächlich von der absoluten Gehirnschwere abhängig, noch mehr aber die Thatsache, dass geistig ausserordentlich befähigte Männer teils enorm schwere Gehirne nach ihrem Tode wahrnehmen liessen (Lord Byron soll ein Gehirn, welches 1807 gr. gewogen, besessen haben, Gauss ein solches von 1402 gr., der Patholog Fuchs eins von 1499 gr. Gewicht), teils solche, welche unter dem Durchschnittsgewichte geblieben waren (Philolog Hermann 1350 gr., Mineralog Hausmann 1226 gr.).

Ebenso unrichtig erwies sich die Annahme, dass das relative Schwersein des Gehirnes, d. h. das Verhältnis der Schwere desselben zum Körpergewicht, allein für die Intelligenz massgebend sein sollte.

Es ist wiederum keine Frage, dass das Gewicht des Gehirnes im Verhältnis zur Schwere des Körpers beim Menschen ein sehr grosses ist, nämlich 1 : 30 bis 37, ebenso ein hohes bei den grossen, den Menschen körperlich nahe stehenden Affen, nämlich 1 : 40. Allein die Bedeutung des relativen Gehirngewichtes für die geistige Befähigung kann nur eine nebensächliche sein, denn bei kleinen Hunden hat man ein Gehirngewicht vorgefunden, das sich zu deren Körperschwere verhielt wie 1 : 28 bis 57. Kleine Vögel wie Sperling (1 : 27) oder Blaumeise (1 : 12) müssten die intelligentesten Tiere sein, wenn es lediglich oder doch hauptsächlich auf die relative Schwere des Gehirnes ankäme. Es ist also nicht richtig, wenn man, wie M. Wilckens (Form und Leben der Haustiere, S. 403) den Satz aufstellt: „Je höher die geistigen Fähigkeiten der Tiere stehen, desto grösser ist das Gewicht des Grosshirnes derselben im Verhältnis zum Körpergewicht."

Dabei ist zu bedenken, dass die relative Schwere des Gehirnes verschieden ist nach Alter und Nährzustand des Tieres (junge Tiere haben immer relativ schwerere Gehirne als ältere, sogut wie kleinere Geschöpfe den grösseren gegenüber; ebenso weiss man, dass das Gehirn lange in gleichem Gewicht bleiben kann, während das Körpergewicht sich ändert).

Auch auf das Verhältnis der Schwere des Rückenmarkes gegenüber der Gehirnschwere darf kein allzugrosses Gewicht gelegt werden, wie das wohl geschehen ist und noch geschieht.

Nachstehende Tabelle giebt Auskunft über das absolute und relative Gewicht der Gehirne verschiedener Haustiere, speziell des Pferdes, sowie über das Verhältnis der Schwere des Rückenmarkes zu der des Gehirnes derselben.

Tierart	Absolutes Gehirngewicht	Relatives	Verhältnis der Schwere des Rückenmarkes zu der des Gehirnes	
Schaf	130 gramm i. D.	1 : 250 bis 1 : 350	1 : 2,6	
Ziege	130 gramm	1 : 300	—	
Hund, grosser	180 gramm	1 : 100	1 : 5,14	
Hund, kleiner	—	1 : 28 bis 1 : 57	—	
Pferd	517 bis 770 gr.	1 : 400 bis 1 : 700	1 : 2,27	Nach Gurlt-Ellenberger
Pferd	650 gramm	1 : 568 bis 1 : 800	1 : 2,27	Nach Chauveau und Franck
Esel	360 gramm	1 : 260 bis 1 : 454	1 : 2,4	Nach Chauveau und Franck

Auf die Entwicklung und Ausbildung des Gehirnes vom Pferde ist die, innerhalb der Kopfwirbel eingeschlossene eiförmige Schädelhöhle von grösstem Einfluss. Sussdorf (Anatomie der Haustiere) sagt hierüber: Der grösste Durchmesser derselben, der sagittale, betrage 15 bis 17 cm, der geringste, der dorsoventrale, 7,5 bis 9,5 cm, deren Querdurchmesser 10 bis 11 cm. Ferner giebt Sussdorf an, dass der Rauminhalt der Pferdeschädelhöhle, durch Ausfüllen mit Kleie gemessen, 712 bis 760 ccm = $3/4$ Liter beträgt. Genannter Autor setzt seinen Angaben über die erwähnte Capacität noch folgende Bemerkung hinzu: „Der Cubikinhalt ist nicht dem Gewicht des Schädels proportional, Rasse-Eigentümlichkeiten beeinflussen solch gegenseitiges Verhältnis. Das gemeine norische Pferd hat ein Gewicht des Hirn- und Nasenschädels von 3200 bis 3500 gramm und eine Schädelhöhlencapacität von 730 bis 770 ccm, während das orientalische Pferd in gleicher Beziehung 1700 bis 1900 gramm Schädelgewicht und eine Capacität von 715 bis 720 ccm aufweist."

Leichtere und edlere Pferde besitzen ein relativ grösseres Gehirn als kaltblütige gemeine und schwere Pferde. Diese Wahrheit haben erwiesen die kraniometrischen Messungen am Pferdeschädel von Eichbaum (Archiv für wissensch. und praktische Tierheilk. 1882, S. 431). Nach denselben ist:

Die Capacität der Schädelhöhle (durch Einlaufenlassen von Hirse gemessen)		Gewicht des Vorderkopfes
bei Araber-Hengst	712 ccm	1930 gramm
„ Araber-Stute	715 „	1690 „
„ Russischem Pferd	720 „	1737 „
„ Pinzgauer „	748 „	3140 „
„ Birkenfelder „	728 „	3224 „
„ Belgier „	768 „	3600 „

Als Hauptresultate seiner Messungen giebt Eichbaum unter Anderem an; „Bei den schweren kaltblütigen Pferden findet sich ein absolut grösserer Schädelraum und ein grösserer Höhendurchmesser desselben vor, wie bei den kleineren, edlen, sogen. warmblütigen Pferden. Relativ aber, d. h. im Vergleich zur Länge und Schwere des ganzen Vorderkopfes, zeigen die kleineren Pferde (Orientalen besonders) eine viel stärkere Entwicklung der Schädelhöhle auf als die schweren Pferde (Pferde der occidentalen Schläge). Das Schädeldach der ersteren ist stärker und mehr gleichmässig gewölbt, das der schweren Pferde mehr schmal seitlich zusammengedrückt, in der Gegend des Schläfenganges eine stärker ausgeprägte grubenartige Vertiefung aufzeigend. Der Schädelteil der orientalischen Pferde ist hinsichtlich seiner Längen- und Breitendimensionen im Verhältnis zur Gesichtslänge stärker entwickelt, wie bei den occidentalen Pferden, die Breite des Schädels beim orientalen Ross ist im Verhältnis zur Länge desselben eine grössere."

Beobachtung und Erfahrung lehren uns auch, dass die kleinen, edleren, insbesondere die orientalischen Pferde und was mit diesen zusammenhängt, thatsächlich intelligenter und leichter abrichtbar sind, als grosse, schwere Tiere der Abendlandrassen. Daher müssen wir dem relativ grösseren Schädelraum, damit aber dem grösseren Gehirn, ferner der Breitschädlichkeit (obschon von einem brachycephalen Schädel nicht gesprochen werden kann) einen günstigen Einfluss auf die geistige Befähigung der Pferde einräumen.

Im Cirkus E. Renz sollen als Schulpferde grösstenteils solche des ostpreussischen Schlages Verwendung gefunden haben. Die sogen.

in Freiheit dressierten Pferde daselbst haben zumeist arabisches
Blut in ihren Adern, oder sie stammen aus Trakehner Blut, da man
die Erfahrung machte, dass diese Pferde sehr aufmerksam und in
Folge dessen leicht abrichtbar und gelehrig sind, auch viel aushalten. Stuten lassen sich im Allgemeinen schwerer dressieren als
Hengste. E. Renz bezog früher viele arabische Pferde aus Russland
(meist aus dem Gestüt des Fürsten Sankusskow); er fand, dass letztere am leichtesten begriffen und rasch lernten, merkwürdiger Weise
waren unter den russisch-orientalischen Pferden die Schimmel am
gelehrigsten.

.   Anmerkung: Nur nebenbei sei angegeben, dass der Camper'sche
Gesichtswinkel beim Pferd 12 bis 15°, beim Hund 20 bis 25°, beim Menschen 80° beträgt. Der Meckel'sche Gesichtswinkel (der eine Schenkel
ist durch die Hirnschädelaxe, der andere durch die Gesichtsschädelaxe
geführt), welcher bei Menschen 90° oder etwas mehr beträgt, macht nach
Franck beim Pferde 153° aus.

Das Grosshirn der Haustiere wird bekanntlich durch eine Längs-
spalte in zwei symmetrische oder fast symmetrische Hälften, die Halb-
kugeln oder Hemisphären geteilt. Diese letzteren hängen in der
Tiefe durch den Gehirnbalken und andere Commissuren zusammen.
Es giebt nun Wirbeltiere, welche eine glatte Oberfläche des Grosshirns aufzeigen (Vögel, Nagetiere), andere und insbesondere unsere
Haussäugetiere sind durch den Besitz von wurst- oder darmähnlichen
Windungen an ihrer Grosshirnoberfläche ausgezeichnet. Diese er-
habenen Windungen oder Gyri sind durch mehr oder weniger tiefe
Furchen = Sulci von einander getrennt. Macht man einen Längs-
schnitt durch eine Grosshirnhalbkugel, so sieht man, dass zwei verschieden gefärbte Massen von Gehirnsubstanz vorhanden sind, ein
zunächst mehr an der Peripherie gelegener grauer Mantel und eine
mehr zentral situierte weisse Substanz, welche insbesondere das Dach
des in jeder Halbkugel befindlichen Hohlraumes (Seitenkammer oder
Ventrikel) bildet. Die beim Pferd vorhandene, verschieden dicke,
im Mittel — nach Ellenberger — aber $1/_8$ bis $1/_2$ cm starke graue
Gehirnsubstanz senkt sich in Form von Furchen in die weisse Substanz hinein und so entstehen neben diesen Eintiefungen (Sulci) Er-
habenheiten (Gyri) als Windungen. Eine Oberflächenvergrösserung
der grauen Hirnsubstanz wird durch die Eintiefungen gewährt. Bei
grösseren Tieren liegt die Hauptmasse der grauen Substanz in der
Tiefe der Furchen.

Die graue Substanz hält nur vorwiegend die Nervenzellen (Ganglienzellen), in denen die hauptsächlichsten psychischen Thätigkeiten vor sich gehen müssen, die weisse Gehirnsubstanz wesentlich nur Nerven-Fasern oder -Fäden, mit diesen stehen Ausläufer der Nervenzellen in Verbindung, wie auch letztere durch Nervenfasern kommunizieren. Die graue Gehirnsubstanz, nicht ganz richtig Gehirnrinde genannt, wird nun als Sitz aller geistigen Thätigkeiten angesehen, schon deshalb, weil man bei Menschen, denen die graue Substanz durch krankhafte Prozesse zerstört oder irgendwie verändert worden war, Geistesstörungen, die besonders das geordnete Denken betreffen, beobachten kann. Ueber die Funktion der grauen Grosshirnsubstanz bei Haustieren hat F r a n c k (Handbuch der Anatomie der Haustiere, 2. Aufl., S. 991) gesagt:

„Was die Funktion der Grosshirnrinde anlangt, so kann man sagen, dass von der Grosshirnrinde aus die willkürlichen Bewegungen ausgehen und hier Gefühle und Empfindungen, auch Sinneseindrücke zur Wahrnehmung kommen. Man hat die Stellen, die den Ausgangspunkt für die Erregung bestimmter Gefühle bilden, als Seelencentren bezeichnet. Sie stehen durch sogen. Projektionsfasern mit den Kernen der Bewegungs- oder von Gefühls-Nerven in Verbindung. Man kann also psychomotorische und psychosensible Projektionsfasern unterscheiden."

Auf Grund zahlreicher Experimente an lebenden Tieren legte der bedeutende Physiolog H e r m. M u n k dar: Die Bewegung vermittelnden Centren liegen bei Tieren in den Windungen des Stirn- und Hinterhauptlappen*), die Sehsphäre im Hinterhauptlappen, die Hörsphäre in den Schläfenlappen.

Nun ist es gewiss verständlich, wenn man dem windungsreichsten Gehirn den grösseren Rang bezüglich der geistigen Befähigung vindiciert hat. Das Gehirn des Menschen regte zu dieser Annahme an. Bei unseren Haustieren giebt der Windungsreichtum uns keineswegs das Recht, auf denselben die grössere Intelligenz allein zurück-

---

*) Einen eigentlichen Occipital- oder Hinterhauptslappen, wie solcher am Grosshirn des Menschen vorgefunden wird, giebt es bei Haustieren nicht. Bei solchen muss der hintere und obere Teil des Vorderhauptlappens als solcher angesprochen werden. Am höchst entwickelten Gehirn werden angenommen: a) Stirnlappen, b) Scheitel oder Vorderhauptslappen, c) Hinterhauptslappen, d) Schläfen- oder Unterlappen, e) Riechlappen (an der Basis des Gehirnes, von dem der Riechnerv jeder Seite ausgeht), welcher mit dem sogen. S i c h e l l a p p e n zusammenhängt.

zuführen. Schon Rud. Wagner sprach aus, dass das Gehirn des intelligentesten unserer Haustiere, des Hundes, hinter den verwickelten Windungen des Gehirnes des geistesarmen Schafes (noch mehr des der Ziege) zurückstehen muss.*)

Aus dem bisher Angeführten ist zu entnehmen, dass das absolute Gehirngewicht keinen Einfluss auf das geistige Vermögen eines Tieres, speziell des Pferdes, haben kann, gewiss auch nicht die relative Schwere des Gehirnes und die grössere Capazität der Schädelhöhle allein und für sich, denn es giebt Tiere, (kleine Hunde, kleine Vögel), welche ein relativ schwereres Gehirn besitzen als selbst der Mensch. Innerhalb der Haustiere mag der Besitz eines Gehirnes, das viel schwerer als das dazu gehörende Rückenmark ist, eine auf einen höheren Grad von Geisteskraft influierende Eigenschaft sein, allein bei Haussäugetieren, welche nicht dem Hundegeschlecht zugehören, kann sie nicht von allzu erheblicher Bedeutung sein (vergl. Tabelle S. 5). Bei dem Gehirn des Menschen gegenüber dem eines menschenähnlichen oder auch sonstigen Affen, mag die Ausbildung der Gehirnlappen deutlich hinweisen auf die niedere oder höhere Intelligenz der betreffenden Geschöpfe, bei den Einhufern, Wiederkäuern, Allesfressern unter unseren Haustieren ist diese Eigenschaft kaum von Belang. Bei dem Hunde zwar ist in letztgenannter Beziehung eine reichere Differenzierung nachweisbar, nicht aber bei allen anderen Haussäugetieren, denen sämtlich ein

---

*) Nach Franck (l. c.) ist beim Hund das Grosshirn sehr entwickelt, nach vorn zugespitzt, nach abwärts ein eigentlicher Riechlappen abgeschnürt, Scheitel- und Schläfenlappen sind mehr entwickelt als bei anderen Haustieren, das hintere Vierhügelpaar ist stärker als das vordere, doppeltes Markkügelchen ist vorhanden, das Vorbrückchen halb so breit als die Brücke; Windungsreichtum kann dem Hundegrosshirn nicht abgesprochen werden, aber es zeichnet sich durch einfache Furchung aus. Das Grosshirn des Schweines, welches gleichsam den Uebergang vom Gehirn der Fleischfresser zu dem der Herbivoren bildet, ist einfach in seinen Windungen; die Decke der Halbkugeln ist dünner als bei anderen Haustieren, sonst dem Pferdegrosshirn ähnlich, dessen Hauptfurchen aber denen der Wiederkäuer gleichen. Bei den letzteren sind ein Reichtum der Furchen, welcher mit der Grösse der Tiere wächst, und kompliziertere Windungen zu beobachten. Gegenüber dem Pferdegrosshirn zeigen die Wiederkäuer ein Hirn auf, das verschmälerte Stirnlappen besitzt, das vordere Vierhügelpaar stärker als das hintere hat, eine schwache Brücke besitzt (beim Pferd dagegen breit), sowie ein Kleinhirn, das im Verhältnis zum Grosshirn gross ist.

eigentlicher Occipitallappen fehlt. Die Mächtigkeit der grauen Substanz, die Furchen und Windungen an der Gehirnoberfläche der Pferde, Rinder, Schafe, Ziegen, Schweine, Hunde lassen auch keinen sicheren Schluss auf die geringere oder grössere geistige Befähigung einer dieser Tierarten zu, denn — wie oben erwähnt worden ist — das Gehirn des geistesärmsten aller Haustiere, des Schafes, zeigt viele Windungen und Furchen auf, wie überhaupt das der betreffenden Wiederkäuer (insbesondere das der Rinder, welches zahlreiche Hirnwindungen, die viel verschlungen und schmal sind, aufweist), was die Zahl seiner Gyri anlangt, das Gehirn psychisch höher stehender Tiere übertrifft.

Finden wir sämtliche oben genannten Eigenschaften, welche für grössere geistige Befähigung sprechen, gut entwickelt beisammen, wie es beim menschlichen Gehirn z. B. der Fall ist, so dürfen wir auf grosse Intelligenz schliessen, nicht aber aus dem Vorhandensein einer oder einiger derselben allein.

Ohne Zweifel haben wir auch bei Tieren individuelle Unterschiede bezüglich der Intelligenz, nicht nur bei verschiedenen Arten und Rassen, in Bezug auf die letzteren z. B. bei den früher erwähnten Pferden der orientalen und der occidentalen Zuchten. Alter, richtige Aufzucht, zweckentsprechende Ernährung (eiweissreiche, viel Phosphorsäure enthaltende Verbindungen), haben, da die chemische Constitution der Nervenzentralteile bei der Geistesthätigkeit offenbar eine grosse Rolle spielt, bestimmt auf die Ausbildung des Gehirnes ihren Einfluss, doch können wir solchen z. Z. nur ahnen, nicht sicher nachweisen.

In neuerer Zeit ist nun für den höheren Grad der geistigen Befähigung die gewebliche oder histologische Beschaffenheit des Grosshirnes verantwortlich gemacht worden. Aber was die Gehirne der Haustiere anlangt, so sind an ihnen noch so wenig histologische und namentlich komparativ histologische Untersuchungen vorgenommen worden, dass man ruhig sagen kann: Wir wissen über die gewebliche Beschaffenheit dieser Gehirne äusserst wenig, ja sogar so gut wie nichts. Weder ist die Mächtigkeit der grauen Substanz des Grosshirnes bei allen unseren Haussäugetieren festgestellt, noch die Zahl, Grösse, Differenzierung der Nervenzellen, auch ist die Beschaffenheit der Projectionsfasern und deren Netze noch so gut wie unbekannt. Nicht viel besser geht es uns mit der Kenntnis der Leitungsbahnen. Wenn, wie es geschehen, auf Zahl und namentlich auf Grösse der Gehirnganglien oder auf die sogen. Pyramiden von

Nervenzellen ein grosses Gewicht gelegt worden ist, so möchte ich darauf aufmerksam machen, dass wiederum ein geistig tiefstehendes Haustier, das Schaf, im Hörnervenkern die grössten Ganglienzellen besitzt, welche im Gehirn irgend eines Haustieres vorkommen.

Wenn man aus der makroskopischen Beschaffenheit des Grosshirnes der Haustiere nicht einen mathematisch sicheren Schluss auf die geistigen Fähigkeiten derselben zu machen vermag und alsdann sich auf die gewebliche Struktur des Hirnes beruft, welche noch so gut wie nicht erforscht ist, so ist das gleichbedeutend mit einem „refugium ignorantiae.“

So ungeheuer, gegen früher, auch in den letzten Jahrzehnten die Fortschritte gewesen sind, welche wir in der Kenntnis des feineren Baues vom Menschengehirn und in dem Wissen über die Thätigkeit des Gehirnes bei Menschen und Tieren durch das Tierexperiment und durch Beobachtungen an geisteskranken Menschen, durch Untersuchungen der Gehirne von solchen nach deren Tode u. s. w. gemacht haben, von einem klaren Wissen, was Geist und Seele des Menschen ist, kann auch heute noch nicht die Rede sein. Wir haben höchstens, wie Flechsig (Gehirn und Seele; Rektoratsrede 1894) sich so schön ausdrückte: „eine entfernte Ahnung von der Stelle, wo die fühlende Seele kämpft und der denkende Geist des Menschen das Weltbild gestaltet.“

Das materielle Werkzeug des Geistes ist das Gehirn, nicht der Geist oder die Seele selbst und bestimmt sind nicht letztere ein vom Gehirn abgesondertes Etwas (etwa ähnlich wie das Produkt der Nierenthätigkeit in die Erscheinung tritt).

Das, was wir über Gehirn und Seele des Menschen wissen, gipfelt hauptsächlich in Folgendem, das zum grösseren Teile aus Experimenten an lebenden Tieren gefolgert und als gültig auch für den Menschen angenommen worden ist.

1) Das Gehirn vermittelt ausschliesslich die Seelenerscheinungen. Man hat höhere und niedere Hirnteile zu unterscheiden. Zu ersteren gehört das Grosshirn, zu letzteren das Kleinhirn und das verlängerte Mark. Da letztere mit dem Grosshirn in Zusammenhang stehen, ihre Bahnen bis in das Grosshirn reichen, Ganglienzellen desselben umfassen, können sie aber auch nicht bedeutungslos für Geist und Seele sein;

2) Werden einem lebenden Tiere die beiden Grosshirnhalbkugeln exstirpiert, so zeigt es weder Schmerz noch Bewegung, es verfällt in einen schlafsüchtigen Zustand, hat auch die Fähigkeit, willkürliche

Bewegungen zu machen, verloren. Sinneseindrücke kommen nicht mehr zum Bewusstsein, Wahrnehmung und Wille des Tieres ist verloren gegangen; das Ausschneiden des Grosshirnes bei einem Tiere, das lebt, tötet meist nicht sofort das letztere, es kann tagelang am Leben erhalten bleiben. Auch in solchem Zustande zeigt es, dass es keineswegs aller seelischen Regungen entbehrt, sondern es reagiert in gewisser Art auf bestimmte Reize, wird durch solche zu Bewegungen angetrieben, namentlich geschieht das beim Hungergefühl. Anderen Unlustgefühlen wird ebenfalls Ausdruck gegeben: hebt man z. B. ein solches Tier hoch über den Boden, so kann es sogar seinen Unmut durch Heulen, Beissen u. s. w. erkennen lassen. (Goltz).

Flechsig (l. c.) äussert sich hierüber etwa folgendermassen: „Die von innen her kommenden Triebe spornen zur Befriedigung von Körperbedürfnissen (Hunger, Durst) an, auch wenn das Grosshirn fehlt und nur die niederen Hirnteile dem Versuchstier gelassen worden sind; von letzteren aus werden die Einzelapparate in Bewegung gesetzt, welche zur Befriedigung der körperlichen Triebe dienen. Ist solches geschehen, tritt Ruhe ein bei dem bisher unruhig gewesenen Tiere; es verfällt in die frühere Schlafsucht, bis neue, von innen her kommende körperliche Reize zum Unbehagen führen und erneute Unruhe und Sucht, die Triebe zu stillen, eintreten.

Mit dem Geist haben diese körperlichen Triebe und die durch diese hervorgebrachten Handlungen zunächst nichts zu thun, körperliche Einflüsse sind es allein, welche sie hervorrufen. Auch bei dem neugeborenen Kind, dessen Grosshirn noch nicht vollstädig entwickelt, noch unreif ist, ist doch der Trieb, körperliche Bedürfnisse zu befriedigen, von Anfang seiner Existenz an vorhanden. In den niederen Hirnteilen, besonders im Kleinhirn, sind nervöse Apparate vorhanden und in sie leiten Nerven ein, deren Aufgabe es ist, Mangel an fester Nahrung, an Wasser, an Sauerstoff durch Hunger-, Durst- und Angstgefühl zur Anzeige zu bringen.“

3) Die graue Substanz des Grosshirns, die Grosshirnrinde, ist der Ort, wo alle Vorstellungsfähigkeit zu stande kommt, nicht aber all' und jedes Fühlen; an die graue Substanz der Grosshirnhalbkugeln ist auch jede Vorstellung gebunden, die mit Eindrücken des Geruch-, Gehör- und Sehsinnes im Zusammenhang steht. Es sind bestimmte Stellen der Grosshirnrinde, jede für sich abgegrenzt, in welchen Sinneseindrücke zur Wahrnehmung gebracht werden; das nervöse Sehcentrum sitzt in den Windungen des Hinterhauptlappens,

wird es zerstört, so sind keine Gesichtsempfindungen mehr möglich. Kranksein der Vierhügel, die mit Sehnerv und Augapfel bewegendem Nerv in Verbindung stehen, führt zur sogen. centralen Blindheit. Das Hören ist an die Windungen der Schläfenlappen gebunden, das Vermögen zu riechen an die untere und vordere Fläche, der Tastsinn an die obere und vordere Scheitelfläche der Grosshirnhalbkugeln. Für die artikulierte Begriffssprache des Menschen ist die dritte Hirnwindung am wichtigsten.

4) Lokale für die eigentlichen seelischen Thätigkeiten sind die Frontalwindungen der Grosshirnrinde. Sind solche von Krankheit oder Verletzung getroffen, so treten seelische Störungen ein.

5) Die vordere und hintere Centralwindung und der Nebencentrallappen enthalten von einander getrennte Nervencentren, welche eine psychomotorische Thätigkeit zu entwickeln haben, insofern sie willkürliche Bewegungen der Gesichtsmuskeln, der Zunge, der Arm- und Beinmuskeln hervorrufen. Krankhafte Störungen dieser Centren rufen Krämpfe oder Lähmungen hervor.

6) Durch Blosslegung des Grosshirnes eines lebenden Tieres und Reizen bestimmter Stellen desselben gelang es, die Ursprungsstätte einiger Bewegungsleistungen in der Grosshirnrinde zu entdecken, ja, durch starkes Reizen mittelst eines elektrischen Stromes sogar zweckmässige Bewegungen hervorzubringen.

7) Mit der Zerstörung der Sinnesregionen im Grosshirn werden meist auch Störungen in der Bewegung erzeugt, nicht solche des Gesamtkörpers, sondern die specifischer Teile desselben. Verletzung der Tastsinngegenden hat z. B. Lähmung solcher Teile zur Folge. welche durch besonders feinen Tastsinn ausgezeichnet sind, bei Menschen z. B. der Hände und Füsse.

8) In der grauen Rindensubstanz des Grosshirnes beginnen die Leitungsbahnen (Projektionsbahnen), insbesondere die zu dünnen Bündeln geeinten Nervenfasern, welche willkürliche Bewegungen bestimmter Muskeln ermöglichen, also psychomotorisch zu wirken vermögen, wie auch in der Grosshirnrinde centripetal leitende Nervenfasern enden (psychosensible Fasern). Die Grosshirnhalbkugeln sind und bleiben der Sitz einer wahrgenommenen Empfindung und der Ausgangspunkt willkürlicher Bewegung. Von den Bewegungscentren der grauen Substanz der Grosshirnhalbkugeln läuft die verbindende Bahn der psychomotorischen Nerven nach der Gehirnmarksubstanz (weissen Hirnmasse) und zwar zunächst zur inneren Kapsel derselben, von da nach dem Grosshirnschenkel, als-

dann nach der Varolsbrücke (Gehirnknoten), um endlich in den Pyramiden des verlängerten Markes sich mit den Nervenfasern der anderseitigen Hirnhälfte zu kreuzen und schliesslich mit den Nerven des Rückenmarkes sich zu verbinden. Krankhafte Störung, namentlich Druck auf diese innerhalb des Gesamthirnes befindlichen Leitungsbahnen löst gewöhnlich halbseitige Krämpfe oder Lähmungen der von den Bewegungscentren durch Nervenfasern versorgten Muskeln des Gesichtes, der Zunge, der Arme und Beine aus. Eine Störung der Leitungsbahnen in der Gegend der inneren Gehirnkapsel hat oft halbseitige Lähmung des ganzen Körpers zur Folge.

9) Vom Kleinhirn wissen wir mit Sicherheit, was dessen physiologische Thätigkeit anlangt, kaum mehr, als dass es die Ortsbewegung des Menschen oder eines Säugetieres in der notwendigen Ordnung erhält. Sowie es verletzt wird, treten Störungen in der Harmonie der Bewegungen ein. Exstirpiert man bei einem lebenden Tiere das Kleinhirn ganz, so zeigt das Tier sich wie betrunken. Krankheiten, Verletzungen, welche die Kleinhirnschenkel heimsuchen, alles, was abnormerweise Druck von innen oder aussen auf diese ausübt, hat Zwangsbewegungen zur Folge: das Gehen im Kreise, den Manegegang, das Drehen um einen festgestellten Fuss = Zeigerbewegung, das Drängen nach einer oder der anderen Seite, endlich Rollbewegungen. Ist der mittlere Teil des Cerebellum, der Wurm, von derartigen Schädlichkeiten allein heimgesucht, beobachtet man bei dem leidenden Geschöpf: ganz unsicheren Gang, Taumeln, Schwindelanfälle.

Die Bedeutung, welche Gall dem Kleinhirn für den Geschlechtstrieb zusprach, hat sich nicht erhärten lassen.

Sehen wir zu, dass wir auf anderem als auf anatomisch-physiologischem Wege die hohe Intelligenz des Pferdes nachweisen können, nämlich nach Beobachtung dieses Tieres, wenn es lebt, und nach den mit ihm gemachten Erfahrungen.

Geistige Befähigung des Pferdes nach Beobachtungen und Erfahrungen.

Die Pferde, wie alle Tiere, auch wie der Mensch, besitzen ein Verlangen nach Befriedigung von Bedürfnissen des Körpers, also Triebe, welche die Geschöpfe veranlassen, hauptsächlich für Erhaltung des Individuum (Nahrungstrieb) und für Erhaltung der Art (Geschlechtstrieb) Sorge zu tragen. Das Verlangen nach Nahrung ist dem menschlichen Säugling, dessen Klein- und Grosshirn noch vollkommen unreif, wie jedem Tier, auch denen, die gar kein eigentliches Hirn besitzen, eigen. Man glaubt, dass der Instinkt zur Befriedigung des Hungers und Durstes antreibe. Man mag nun das Wort Instinkt definieren, wie man will, als eine ererbte Gewohnheit, der Folge geleistet werden muss, oder als einen unbewussten Naturtrieb, der als eine unbewusste Erregung der Seele, als ein Begehren und Handeln, dem keine Kenntnis des Gegenstandes unterliegt, so viel steht fest, dass bei höheren Tieren die meisten sogen. instinktiven Handlungen auf Erfahrungen beruhen und Resultate des Schlüsseziehens aus diesen sein müssen. Um aber Schlüsse aus Erfahrungen machen zu können, müssen die Tiere mindestens Verstand besitzen. Wenn die Bandwurmembryonen aus Bandwurmeiern, die ein geeignetes Tier aufnahm, im Darme des Herbergers ausschlüpften, dessen Darmwand durchbohrten und ihren Weg nach denjenigen Organen des Wirtes nahmen, die ihnen von der Natur als weitere Ausbildungsstätten angewiesen worden sind, damit sie sich in ein Larvenstadium (Blasenwurmvorstufe des Bandwurms) umwandeln können, so mögen diese Embryonen im unbewussten Drange, also rein instinktiv handeln. Bei höheren Tieren wird sich meist nachweisen lassen, dass Handlungen derselben, die man oft allein dem Instinkt zuschrieb, Produkte besonderer Geistesthätigkeit sein müssen, hervorgegangen aus Erfahrungen, Denken und richtigem Schlüsseziehen.

Ein unbewusster Naturtrieb mag bei Tieren das Verlangen nach Nahrung anregen. Es handelt sich aber nicht bloss um Nahrung überhaupt, sondern darum, dass zweckmässige und passende Nahrungsstoffe ausgewählt werden. Das kann aber nur infolge von Erfahrungen geschehen. Das neugeborene Haussäugetier findet sich sehr häufig nicht von selbst, also nicht durch den Instinkt, an die Quelle seiner Nahrung, an das Euter des Muttertieres, sondern muss zu diesem geführt, auch an dasselbe gehalten werden. Beobachtet man eine junge Taube, wenn sie zum ersten Mal ausgeflogen ist, so wird man dieselbe regellos alles aufpicken sehen, was sie für Nahrung hält, Körner sowohl als Glasstückchen, Steinchen u. dgl. und erst durch länger fortgesetztes Aufnehmen und Prüfen lernt die junge Taube Geniessbares vom Ungeniessbaren unterscheiden nach dem Spruche: durch Schaden wird man klug. Die Gluckhenne, wenn sie Kücken führt, lockt letztere durch eigenthümliches Rufen, wenn sie etwas für diese zum Verzehren Passendes gefunden oder ausgescharrt hat, und belehrt hierdurch die jungen Hühner über geniessbare Nahrung. Man hat oft behauptet, dass Haustiere auf der Weide wachsende Giftpflanzen unberührt liessen, hierzu durch Instinkt angetrieben. Das nimmt man irrtümlich an. Weiderinder, die die Herbstzeitlose nicht kennen, nehmen sie mit den Gräsern auf und vergiften sich; erst wenn sie die Gefahren kennen, welche das Verzehren dieser Giftpflanzen zur Folge hat, vermeiden sie die Aufnahme derselben, soweit es ihnen möglich ist. Schafe aus Gegenden, in welchen Bilsenkraut nicht vorkommt, nach Bezirken versezt, wo dieses häufig auf den Weiden wächst, fallen ohne Weiteres über die Giftpflanzen, welche die heimischen Schafe aufzunehmen vermeiden, her und erst nach und nach gewöhnen sich die eingeführten Schafe daran, die giftigen und ihnen verderblich werdenden Kräuter nicht anzurühren. Setzt man vergiftetes Fleisch zur Vertilgung von Ratten aus, so kann man leicht erfahren, dass nur eine Ratte, die erste und letzte, an die vergiftete Nahrung herangeht und sie verzehrt, dann keine wieder, denn die anderen, durch den erkrankten und sterbenden Kameraden gewarnt, meiden nun die hingelegten, scheinbaren Leckerbissen, deren Genuss ihnen verderblich werden muss. Wiederum giebt es andere Tiere, namentlich Vögel (Tauben, Sperlinge), welche fast nie vergiftetes Futter von gutem und bekömmlichem unterscheiden lernen. Wenn man einem Pferde trockenes, schlecht schmeckendes Arzneipulver auf das Kurzfutter streut, so macht es wohl einen Versuch, es zu verzehren, bald aber erkennt es solches als das Schlechtschmeckende im Futter und bläst es von der Oberfläche desselben fort. Ebenso belehrt nur die Erfahrung das Pferd darüber, dass es ein Kurzfutter, in dem fremde, spitze Körper (Nadeln, Nägel u. dgl.) sich vorfinden, unberührt stehen lassen muss, will es sich keinen Schaden zufügen.

Der Selbsterhaltungstrieb, von welchem der Nahrungstrieb nur ein Teil ist, soll nach der Meinung Vieler lediglich aus dem Instinkt hervorgehen. Dem widerspricht die Erfahrung. Wenn in einer Gegend eine Telegraphenleitung neu eingerichtet wird, so wird man häufig beobachten, dass unter den gezogenen Drähten tote Vögel liegen. Man hat früher geglaubt, dass diese getötet worden seien durch den elektrischen Strom, wenn sie sich auf den Telegraphendraht niedergelassen hätten. Es ist aber erwiesen worden, dass die Tiere dadurch getötet werden, dass sie sich im schnellen Fluge an dem Telegraphendraht den Schädel einstiessen und zwar vorzugsweise dann, wenn die Leitungsdrähte nur $1/_3$ oder $1/_2$ m über dem Erdboden befindlich waren, was meist nur vorkommt, wenn die Pfosten der Drähte in Hohlwegen stehen. An solchen Orten findet man in der ersten Zeit, wenn eine derartige Einrichtung noch neu ist, sehr viele getötete Vögel, später schon weniger, und sind die Telegraphendrähte schon Jahre lang in einer Gegend vorhanden, so gehört es zu den grossen Seltenheiten, Vögel zu finden, welche durch Anfliegen an den Draht sich verwundet und dadurch den Tod gefunden haben. Daraus ist zu schliessen, dass die Tiere die gefährlichen Stellen kennen lernen und sie endlich zu meiden suchen. Durch den Instinkt kennen die Tiere auch nicht ihre Feinde, wie so oft behauptet wird, sondern sie lernen sie kennen durch Erfahrung und Beobachtung. Wie wäre es sonst möglich, dass wahrheitsliebende und in ihren Mitteilungen zuverlässige Weltreisende uns berichten können, wie wilde Tiere in Gegenden, wohin noch kein Mensch gedrungen, gar nicht scheu vor den neuankommenden Menschen sind, man sich ihnen leicht nähern und sie erlegen kann; wie könnte es sonst erklärt werden, dass z. B. die Trappe, wenn der Instinkt sie allein antriebe, sich vor den Menschen zu scheuen und diesen als ihren Feind anzusehen, doch nicht flieht vor dem ackernden Landmann, vor der Gras sichelnden Frau, wohl aber den Jäger von anderen Menschen zu unterscheiden versteht, weshalb ja auch der Trappenjäger sich als Frau ankleidet, einen Tragkorb aufhockt, will er die gescheidten und scheuen Vögel anschleichen und erlegen können. Sperlinge und Kräben lassen sich nie dadurch verscheuchen, dass der Spaziergänger seinen Gehstock wie eine Flinte an den Kopf legt, wohl aber wissen sie es genau, wenn jemand mit einem Schiessgewehr ausgerüstet ist, mag er es auch spazierstockartig halten. Auch die Pferde lernen durch Erfahrungen und durch Schlüsseziehen dasjenige meiden, was ihnen nachteilig ist, auch ihre

Feinde kennen. Sehr junge Pferde, wenn sie auf der Weide sich befinden, fürchten nicht die umherschwärmenden Oestriden (Gastrophilen, Bremsfliegen), wohl aber Rosse, die über ein Jahr alt sind, welche, wenn sie das Summen der ihnen gefährlich werdenden Fliegen hören, sich zusammenrotten, Kreise bilden, indem sie sämtlich ihre Köpfe nach dem Zentrum des Kreises richten, die Hinterteile nach aussen kehren, mit den Hinterfüssen ausschlagen, mit den Schweifen peitschen, um ihre Feinde abzuwehren, oder aber vor ihnen fliehen, Bäche und Teiche aufsuchen und sich in deren Wasser legen. Viele Pferde erschrecken leicht vor Gegenständen, vor denen sie sich nicht zu fürchten brauchten; die Hand des Reiters oder Fahrers führt sie, unter gütlichem Zureden, nach diesen Gegenständen hin, macht sie gewissermassen mit denselben bekannt und bringt es schliesslich dahin, dass sie keine Furcht mehr vor ihnen empfinden. — Gewisse Instinkte hat der Mensch so gut wie das Tier. Wenn man meint, was so häufig geschieht, dass die Handlungen des Menschen niemals instinktiver Natur seien, sondern stets Resultate bewussten Denkens, so irrt man sich. „Tier und Menschen," so sagt Perty, „verrichten oft, sehr oft mancherlei Handlungen zuerst mit bewusstem Willen, dann bei öfterer Wiederholung unbewusst und willenlos."

Wilckens (Form und Leben der Haustiere, S. 409) äussert: „Die Annahme, dass die Tiere statt der Vernunft (?) den Instinkt, d. h. einen unbewussten Naturtrieb besitzen, widerspricht in der That dem Dasein von Vernunft nicht, da die Erscheinungen des Instinktes sich gar nicht unterscheiden lassen von Vernunftäusserungen. Die Thätigkeit der Vernunft beruht grösstenteils auf Erfahrungen, der Instinkt ist aber meist nichts anderes als ein Schluss aus Erfahrung und nichts berechtigt uns anzunehmen, dass das instinktive Verfahren der Tiere ohne Bewusstsein geschieht. Wenn aber Tiere Handlungen oder sagen wir mindestens: ihre Bewegungen und Erfahrungen mit Bewusstsein regeln, so können wir ihnen Vernunft nicht gänzlich absprechen."

An einer anderen Stelle spricht Wilckens aus: „Dass Tieren die Vernunft fehlt, d. h. das Vermögen, den ursächlichen Zusammenhang und den Zweck der Dinge zu erkennen, ist wohl keine berechtigte Annahme.

Die Vernunft der Tiere steht ohne Zweifel auf einer sehr niederen Stufe der Entwicklung, aber sie fehlt nicht ganz, sonst wäre nicht zu begreifen, wie der Mensch zur Vernunft gekommen sein sollte, da sich seine Körperformen (einschliesslich des Gehirns) doch wohl aus Tierformen entwickelt haben."

Verfasser kann diese Wilckens'schen Ansichten nicht ganz billigen, muss namentlich hervorheben, dass W. keinen Unterschied zwischen Verstand und Vernunft der Tiere gemacht hat.

Zweck nachfolgender Zeilen ist nun, nachzuweisen, dass einem der intelligentesten der Tiere, dem Pferde, der Verstand nicht fehlt und dass es zuweilen Handlungen begeht, welche an vernünftige anstreifen oder bei denen der Verstand gleich einem elektrischen Funken, welcher blitzartig auf andere Gegenstände, von der Elektrisiermaschine ausgehend, übertragen wird, vielleicht nur ein kurzes Moment lang hinüberschlägt in das Gebiet, welches wir Vernunft nennen.

Die Tiere, und damit auch die Pferde, besitzen Sinne so gut wie der Mensch. Die Sinneseindrücke werden bei Tieren wahrscheinlich dieselben oder nahezu dieselben sein, wie bei den Menschen; bei ersteren werden die Reize, die von der Aussenwelt den nervösen Zentralorganen durch Vermittlung der Sinnesorgane zugetragen werden, in gleicher Weise wirken wie bei letzteren: auch die Geschwindigkeit der Leitung wird bei beiden vielleicht die gleiche sein.

Fritz Schultze, der namhafte Philosoph, schrieb einst (Die Tierseele, eine Psychologie der Tiere, Leipzig bei Wilfferodt, 1868): „Die Tiere besitzen Sinne so gut wie der Mensch. Durch die Sinne wird die Wahrnehmung ermöglicht, ohne Sinne giebt es weder für uns, noch für das Tier eine Welt. Die Aussenwelt wirkt auf die Sinne, sie bewirkt Eindrücke und diese Eindrücke sind die Empfindungen, die den Menschen wie den Tieren eigen sind. Eine Erkenntnis der Aussenwelt erhält man jedoch nur durch die Anschauung oder durch das Sichbewusstwerden der Dinge, durch das Unterscheiden der Dinge von einander (ein Betrunkener hat Empfindung, aber keine Anschauung). Diese Anschauung ist das Produkt desjenigen Vermögens, welches Verstand genannt wird. Die Objekte des Verstandes sind die einzelnen, realen, wirklichen, sinnlich wahrnehmbaren Dinge. Die Funktion des Verstandes ist Auffassen, Beobachten, Unterscheiden dieser Dinge, die Beziehungen der einzelnen Dinge zu einander. Dem Tiere kann der Verstand nicht abgesprochen werden, denn dasselbe bildet Urteile und Schlüsse, es zeigt Unterscheidungsvermögen, es vermag Ursache und Wirkung aufzufassen, es besitzt Zeit-, Orts-, Farben- und Tonsinn, hat ein vorzügliches Gedächtnis, es kennt Gefahren und denkt über die

Mittel nach, sie zu beseitigen, es kennt die Zukunft und spart für sie, es beweist Neigung und Abneigung, ferner Liebe gegen Gatten und Kind, es zeigt List und Klugheit. Das kluge Tier berechnet, bedenkt, erwägt, ehe es handelt, hat von Geselligkeit Begriffe, es pflegt Kranke und unterstützt Schwache, es zeigt alle Affekte, wie Zorn, Trauer, Furcht, Angst, sowie Aeusserungen des Gefühlsvermögens und der Eitelkeit." Vieles, was Fritz Schultze von dem geistigen Vermögen der Tiere im allgemeinen gesagt hat, trifft für das Pferd zu.

Das Pferd bildet Urteile und Schlüsse.

Viele Pferde gehen nie durch einen mit trübem Wasser gefüllten Bach, dessen Tiefe und Grund sie nicht taxieren können.

Manche Reitpferde wollen mit ihrem Reiter nicht durch ein Thor, das sie nicht für umfangreich genug für Ross und Reiter halten.

Wenn Saumrosse im Winter Lasten auf Schlitten über die Säumerpfade der Alpen transportieren müssen und sie merken, dass ihr Schlitten mit einer Kufe über den Abhang hinausgerät, so drängen sie von selbst nach der anderen Saumpfadseite, unter Umständen legen sie sich gegenüber dem Abgrund fest an die Felswand an und versuchen den Schlitten zu halten, bis Hilfe kommt.

Ferner gehen Packsaumtiere auf den Saumpfaden immer an dem äusseren Rand derselben über dem Abgrund, wohl wissend und wohl berechnend, dass sie mit ihren Päcken auf der anderen Seite des Weges an der Felswand leicht anstossen und dann das Gleichgewicht verlieren können.

Beim Nehmen von Hindernissen, seien es Gräben oder Hecken, taxieren die Pferde ohne Zweifel die Höhe oder Weite des zu überspringenden Gegenstandes und treffen meist die richtige Entfernung; ist eines ihrer Augen erkrankt, machen sie fast immer einen viel zu grossen Sprung, der ausser allem Verhältnis zur Breite des Grabens oder zur Höhe der Hecke steht.

Simulation von Lahmheit kann zuweilen beobachtet werden. Ein huflahmes Pferd, das Verfasser einst in Behandlung hatte, war augenscheinlich geheilt, denn es hatte am Huf keinerlei Entzündungserscheinungen mehr, reagierte nicht mehr auf Anwendung der Hufvisitierzange oder sonstiges Untersuchungsverfahren und doch ging es noch lahm und zwar mit demselben Fusse, an dem es erkrankt gewesen war, als es wieder im Zuge verwendet werden sollte. Das Faulenzen im Stall bei gutem Futter hatte unfehlbar dem Pferde gefallen, eine Tracht Peitschenhiebe, die der Fahrer ihm angedeihen liess, befreite es von seinem Lahmgehen vollkommen.

Auch andere intelligente Haustiere als Pferde es sind, simulieren zuweilen Lahmsein. Verfasser dieser Abhandlung besass einst einen sehr gescheidten Wachtelhund. Demselben war, als er noch jung war, von einem grossen Fleischerhund ein Vorderbein jämmerlich zerbissen worden. Das verletzte Tier wurde nun von seinem Besitzer sehr bedauert, viel gestreichelt, gehätschelt und gepflegt, auf das Sorgfältigste behandelt und war schliesslich geheilt. Nun wurde es aber selbst bissig und überfiel namentlich kleinere Hunde als es selbst war. Für solches Vergehen erhielt es stets Strafe. Hatte es ein derartiges Attentat begangen und sah es dann seinen, mit der Hundepeitsche versehenen Herrn vor der Hausthüre es erwarten, ging es kläglich lahm und zwar mit demselben Bein, das ihm früher zerbissen worden war, lachte aber sein Besitzer über solch komisches Gebahren desselben und glaubte der Hund, infolge dessen straflos auszugehen, machte er einen Freudensatz und ging regelmässig auf allen vier Füssen.

· H. Kermes (Geistiges Leben der Tiere; Argentinisches Wochenblatt, 1897) teilte mit: „Wollte ich bei Nacht im Finstern nach Hause zurückkehren, so liess ich meinem Pferde „Haemu" die Zügel, dieses kümmerte sich nicht um den Weg (nach der einsam gelegenen argentinischen Hacienda), sondern ging schnurgerade aufs Ziel los, unbekümmert um alle Hindernisse, welche ihm das Vorwärtskommen erschwerten."

Nach der Zeitschrift „Pferdefreund" (1893, S. 3) musste ein Pferd, welches durch verschiedene Handlungen bewiesen, dass es den Sonntag von dem Wochentag zu unterscheiden verstand, die Namen und Wohnungen von guten Bekannten seines Besitzers gelernt haben, so dass es, wenn der Name eines solchen ihm genannt worden war, ohne Zuthun seines Herrn, der mit ihm fuhr, vor des Betreffenden Hause anhielt.

Anmerkung: Ein eklatantes Beispiel, dass Hunde Urteile sich bilden und Schlüsse zu ziehen vermögen, sei dem Verfasser gestattet, hier anzuführen. Derselbe erfuhr auf einer Jagd folgendes. Drei Feldhölzer *a*, *b*, *c* sollten getrieben werden; zwischen den Hölzern befand sich freies Feld. Bei *b* steht ein Jäger, der seinen Hund an der Leine führt.

Von *b* nach *c* führt ein Graben *d*. Aus *a* wird durch die Treiber ein Fuchs gejagt. Der letztere läuft schräg über das Feld (*e*), um das Wäldchen *c* zu erreichen. Als der Fuchs aus dem Holz *a* herausgekommen ist, lässt der Jäger bei *b* seinen Hund von der Leine los. Der losgelassene Hund läuft nun nicht quer über das Feld direkt auf den Fuchs zu, um diesen abzuwürgen, sondern wählt den Weg von *b* nach *c*, den er, gut gedeckt in dem Graben, machen kann, richtig berechnend, dass der Fuchs das Holz *c* gewinnen will und wählt deshalb den geradesten als kürzesten Weg, auf dem er noch dazu vom Fuchs nicht gesehen werden kann, fängt auch richtig das Wild bei *c* ab.

Das Pferd vermag Ursache und Wirkung zu erkennen.

Dasjenige Pferd, dem eine Lippenbremse, um es zu bändigen, angelegt worden ist, hat den Schmerz, den solche Bremse verursacht, kennen gelernt und wehrt sich — wenn es empfindlich — energisch bei erneuten Versuchen, die man macht, um die Bremse an ihm anzubringen. Ist ein Pferd einmal mittelst Wurfzeuges geworfen worden und ist dieses ihm sehr unbequem geworden, so weigert es sich später, auch nur einen Fesselriemen sich anlegen zu lassen.

Hat ein Gaul eine schmerzhafte Operation aushalten müssen und eine solche muss wiederholt werden, so wehrt er sich auf das Aeusserste dagegen; manchmal sträubt sich dessen Haar vor solcher Wiederholung oder er schwitzt vor Angst; und doch giebt es auch Pferde, sowie andere Haustiere, die sich bei an ihnen vorzunehmenden Operationen u. s. w. ruhig verhalten, ja z. B. beim Wundenkühlen u. dergl. Stellungen einnehmen, durch welche sie dem Behandelnden sein Geschäft erleichtern wollen. H. Kermes (l. c. S. 20) hatte eine Stute „Yegua", welche durch Ueberspringen des Corral an einem spitzen Pfahl hängen geblieben war, sich auch eine grosse Fleischwunde zugezogen hatte. Das Tier, welches sich sonst nie angreifen liess, liess es sich gefallen, dass sein Herr im freien Felde unter seinen Bauch kroch, um die Wunde zu behandeln, sobald aber die Heilung Fortschritte gemacht hatte, wollte es sich dieses nicht mehr gefallen lassen.

Ueberall, wo verwilderte Pferde vorkommen, in den Steppen zwischen dem Mississippi und dem Felsengebirge die Mustangs, in den Pampas Südamerikas die Cimarones, in den Steppen Tibets und am Asow'schen Meere die Muzzins, werden sie auch den in den betreffenden Gegenden gehaltenen oder zufällig vorhandenen zahmen Pferde der Reisenden, Jäger, nomadisierenden Pferdezüchter nachteilig, da sie die zahmen Genossen ihrer Art verlocken und verführen, die Freiheit zu suchen und mit ihnen auf und davon zu gehen. Der Wildhengst dringt in die Gestüte der Nomaden ein und führt die Stuten fort, nachdem er ihren Hengst bekämpft und getötet hat. Die wilden Mustangs helfen Leinen und Anbindestricke der zahmen Pferde, welche sie in den Steppen treffen, zu zerbeissen und die Weidepflöcke auszureissen, die zahmen Rosse folgen dann der wilden Jagd der Mustangs, und verschwinden oft auf Nimmerwiedersehen.

Pferde, welche nach den Sporen des Reiters schlagen, wenn dieser von solchen Gebrauch macht, oder das ihnen unbequeme Gebiss mit den Zähnen packen oder in die Zügel drängen, um sich der Zügelwirkung zu entziehen, müssen von Ursache und Wirkung einen Begriff haben, ebenso wie diejenigen Rosse, welche durch Bocken und Steigen sich ihres Reiters entledigen wollen.

Das edle arabische Pferd bleibt sofort stehen, wenn seinen Reiter ein Unfall trifft, sei es im Gefecht, wenn sein Herr verwundet wird und aus dem Sattel stürzt, oder wenn Kranksein seinen Reiter im Sattel wankend macht. Das Schleifen eines Reiters, der vom Pferde fiel und im Steigbügel hängen blieb, kennt man in Arabien nicht, ja es kommt selbst nicht vor, wenn das Pferd erschrocken ist und von Gefahr bedroht wird. Viel mag zu solchem Benehmen der arabischen Rosse Dressur und Abrichtung derselben gethan haben; Kenner dieser Pferde versichern, dass sie das Geschilderte, auch ohne dass es ihnen gelehrt wurde, thun*).

Der berühmte Schulreiter James Fillis (Grundsätze der Dressur und Reitkunst, 1896, S. 15) sagt: „Die Erziehung des Pferdes und die Dressur desselben zum Reitdienst beruht auf den beiden Be-

---

*) So drastisch sind diese Beispiele, welche das Pferd angehen, freilich nicht, wie das von jenem Hunde, der das Violinspielen seines Herrn nicht ertragen konnte und den Violinbogen öfters wegnahm, ihn auch unter Sofa, Tisch, Bett u. s. w. versteckte. Dieser Hund hatte gewiss Kenntnis von Ursache und Wirkung.

handlungsarten seines Reiters, auf Liebkosungen und Strafen. Der Blick des Menschen hat keinen Einfluss auf das Pferd, wohl aber dessen Stimme, selbstverständlich ist es aber allein die Betonung der Worte (nur allein? D. Ref.), welche massgebend wird, ob streng oder sanft, stark oder schwach, hart oder weich der Ton. Solches lernt das Pferd unterscheiden, auch wohl begreifen, dass dem Ungehorsam Strafe, dem Gehorsam Liebkosungen folgen."

Zeit und Ortssinn, Empfindung für Töne und Farben sind dem Pferde eigen.

Das Pferd kennt seine Futterzeiten ganz genau, wird unruhig, scharrt und haut an seine Krippenwand, wenn solche nicht pünktlich inne gehalten werden.

Auch die gewöhnliche Zeit, wenn es an seine Arbeit gehen muss, ist ihm gut bekannt.

Den Ortssinn der in Frage stehenden Tiere bezeugen eine Menge von Beobachtungen. Jedem Reiter ist bekannt, dass er wohl thut, sich auf den Ortssinn seines Pferdes zu verlassen und von der Zügelführung keinen Gebrauch zu machen, wenn er in dunkler Nacht auf ihm unbekannten Wegen reiten muss. Pferde, welche nach einem anderen Ort oder in eine andere Gegend als ihre Heimat war, verkauft wurden, fanden den Rückweg zu letzterer, nach der sie sich sehnten. Wallace behauptet, dass der Rückweg von einer Erinnerung an die während des Hinweges erfahrenen Geruchseindrücke abhänge, indem sie den Pferden als Wegweiser dienen. Verfasser dieser Abhandlung kann bestätigen, dass solches in einzelnen Fällen wohl vorkommen mag. Er kannte den Gaul eines Müllers, dessen Mühle seitwärts von einer Hauptchaussee, und zwar etwa 300 Schritt weit, ablag. Das Pferd erblindete am grauen Staar und konnte absolut nichts mehr sehen, wurde auch wegen seines Blindseins nach einer, der Mühle nicht sehr fern gelegenen Stadt verkauft. Fuhr man nun mit diesem Rösslein auf der erwähnten Chaussee und überliess diesem, wenn man in die Nähe des von ihr abbiegenden Mühlweges kam, die Zügel gänzlich, so bog es stets in denselben ein, um seinen früheren Aufenthaltsort, in dem es ihm gut gegangen war, aufzusuchen. Anfangs glaubte Verfasser, dass das Geklapper der Mühle dem Pferde zum Signal diene, von der Chaussee abzubiegen, aber das Tier that solches auch an einem

Sonntage, an dem die Mühle still stand; da es vollständig blind war, auch am Sonntage kein Geräusch aus der Mühle hören konnte, muss es den Mehlstaub gewittert haben oder es war ihm irgend ein Geruch aus der Mühle der sichere Wegweiser.

Die vormals in der zu Lippe-Detmold gehörenden Senne vorhandenen, halbwilden Sennerrosse waren durch kaum glaublichen Orientierungs- und Ortssinn ausgezeichnet. Man hatte einst einen Kronsetter nach Frankreich verkauft; es vergingen kaum einige Wochen, da kam das Pferd mit französischer Zäumung und Sattel versehen, schaumbedeckt wieder in der Senne an. Es stellte sich heraus, dass das edle Tier seinen Reiter auf französischer Erde abgesetzt hatte und zum Rhein geeilt war; es hatte diesen durchschwommen und sich zur heimischen Heide wieder zurückgefunden.

Romanes (die geistige Entwicklung im Tierreich) erzählt folgendes: „ein paar Pferde wurden viele hundert englische Meilen um die australische Küste herum versandt; da sie sich mit ihrem neuen Heim nicht befreunden konnten, so flüchteten sie über Land wieder zurück; nachdem sie 200 englische Meilen zurückgelegt hatten, fanden sie sich plötzlich auf einer Halbinsel abgeschnitten, wo man sie, da sie nicht wieder umzukehren wagten, bald darauf einfing."

Pferde, die auf Reisen viel gebraucht werden, kennen die Gasthöfe, halten vor ihnen, ohne von dem Fahrer dazu veranlasst worden zu sein.

Gerlach (Die Seelenthätigkeit der Tiere, S. 25) besass ein Reitpferd, das nicht gern an Gütern vorbeiging, in welchen es früher gut gepflegt worden; leitete man es an solchen vorbei, so ging es sehr langsam; gab man ihm die Zügel frei, so kehrte es kaum merklich in einem grossen Bogen um, beschleunigte dann seine Schritte, wenn es auf dem Wege nach dem ersehnten Orte war und seinen Reiter überlistet zu haben glaubte.

Nach der Zeitschrift „Pferdefreund" (1891, S. 390) hatte ein Grundbesitzer im Landkreise Pillkallen, jenseits der russisch-polnischen Grenze, sechs Meilen von seinem Wohnort, ein Pferd polnischer Rasse gekauft. Auf die Weide der neuen Heimat gebracht, desertierte es nach kurzer Zeit und war zurückgekehrt, obschon es grosse Wälder zu passieren und mehrere Flüsse zu durchschwimmen gehabt hatte.

In der Gartenlaube (Jahrg. 1862, Schweizer Alpenbilder, Nr 4) ist folgendes zu lesen: „Ein Mann, der zur Winterszeit Veltliner Wein über die Bernina säumen wollte, ging samt seinen Saumrossen zu Grunde. Der Zug wurde bei schneidender Kälte von einem so argen Schneesturm überfallen, dass Mann und Rosse förmlich in den kalten Flocken begraben wurden. Wahrscheinlich erlag der Führer bald. Die Pferde aber, auf merkwürdige Weise durch ihren Instinkt (wohl mehr infolge ihres Gedächtnisses und Ortssinnes? D. Ref.) geleitet, wussten sich bis zu einer seitwärts von ihrem Wege liegenden Weide durchzuarbeiten, wo sie früher gesömmert worden waren. Sie stiessen die Thür der Alphütte ein, aber nur die eine Hälfte gelangte ins Innere; denn die vordersten hatten beim Eindringen die ihnen zu beiden Seiten herabhängenden Weinfässchen abgestreift und so den Eingang versperrt und verrammelt. Die draussen gebliebenen erlagen wohl rasch den Unbilden der Witterung. Die in die Hütte gelangten hatten aber nur um so länger zu leiden. Bei der Auffindung ihrer Leichen zeigte es sich, dass sie das Lederzeug ihres Saumgeschirres verzehrt hatten."

Ein Beispiel von Anhänglichkeit eines Pferdes an seinen Herrn und zugleich von Ortssinn ist folgendes. „Ein Landmann, welcher auf der Insel Barsö bei Apenrade domizilierte, verkaufte eine Stute mit Fohlen an einen anderen Landmann, der unweit der Küste Schleswigs wohnte. Am nächsten Tage standen Stute und Fohlen vor der Hausthüre des Verkäufers. Die Stute und das kaum einjährige Fohlen mussten über das eine Seemeile breite Wasser geschwommen sein, um die frühere Heimat wieder zu erreichen." (Pferdefreund, 1892, S. 203).

Ausser Ortssinn hat das Pferd auch Sinn für die Zeit, wie bereits Seite 24 angeführt worden ist, oder es kennt wenigstens Zeitunterschiede. Nicht nur weiss es, was Morgen-, Mittag- und Abend-Zeit ist, sondern es lernt auch im richtigen Takte spanischen Tritt und dergleichen Gangarten gehen, ja auch ohne einen Reiter auf seinem Rücken zu haben, der es dirigieren könnte, eine Art von Tanzen im Circus auszuführen.

Deshalb konnte Uffenbach, der Uebersetzer von C. Ruini's von Bononia bekanntem Werk „Anatomia et Medicina Equorum Nova (1603), mit Recht in der Vorrede des Werkes sagen:

„Lehrsam sind sie dermassen, dass im Heerzug alle der Sibariter Pferd insgemein der Schalmeyen nachtantzen haben lernen können (Plinius, lib. 8, c. 42)."

Ein Farbensinn und ein ästhetisches Gefühl für farbenprächtige und glänzende Zierate ist gewissen Pferden nicht abzusprechen. Durch Sättel und Schabracken aus den prächtigsten Stoffen, die

Sattelunterlagen hauptsächlich in den leuchtendsten Farben, durch Schmuck an dem Zaumzeug hauptsächlich sucht der Araber sein Ross zu verschönern, letzteres versteht auch den Schmuck sehr wohl zu würdigen und ist stolz auf denselben. Der Fuhrmannsgaul ist freudig und fühlt sich bevorzugt, wenn ihm sein Herr rote Tücher, Dachsfelle u. dergl. an sein Kummet hängt. Ist im Manöver oder in der Schlacht ein Pferd von seiner Truppe getrennt worden und hat seinen Reiter verloren, so findet es doch sehr oft sein Regiment auch im Kampfgewühl wieder heraus. Wahrscheinlich ist es doch nur die Farbe der Soldatenuniformen, die ihm das Wiederfinden möglich macht.

Auch Tonsinn ist den Pferden eigentümlich. Der edle Wüstenaraber kennt die Stimme seines Herrn ganz genau; aus dem Tonfall, der Stärke oder Sanftheit derselben schliesst er, was er thun soll, findet er heraus, ob er gelobt oder getadelt worden ist. Nur durch Zuruf wird er zum plötzlichen Parieren, auch wenn er im schnellsten Laufe begriffen, gebracht. Sein Herr lenkt ihn mehr durch Worte, Pfeifen, Zungenschnalzen, als durch Zaumzeug und Schenkeldruck. — Der Fuhrmann, der Kutscher und Knecht reizt seine Pferde durch eigentümliches Pfeifen zum Urinieren an. Dieses ist wohl nur dadurch zu erklären, dass man annimmt, das eigenartige Pfeifen verschaffe den Tieren eine angenehme Empfindung in ihren Gehörorganen, was Harnen auslöst.

Tito Vignoli (Ueber das Fundamentalgesetz der Intelligenz der Tiere; Uebersetzung in d. wissensch. Bibliothek von Brockhaus, 1879, S. 155) versichert, dass die Ponies Norwegens, die von Jugend auf an die Stimme des Reiters gewöhnt sind, diese erworbene Gewohnheit bewahren und nicht durch den Zügel regiert sein wollen.

Gut eingelernte Ackerpferde folgen den Zurufen „Hott und Wist", auch ohne dass zugleich das Leitseil gebraucht wird.

In Deutschland giebt der Fahrer durch ein „brr" seinem Pferde das Zeichen, dass es still stehen soll; in Belgien und Holland will man durch denselben Laut ein Pferd zum raschen Vorwärtsgehen antreiben. Der Kutscher eines aus Holland nach Deutschland gebrachten Pferdes entrüstet sich, wenn letzteres auf das „brr", welches er ausrief, nicht stillsteht, sondern in schnellere Gangart als bisher verfällt.

Manches Ross wird durch einen Pfiff oder durch Ausrufen des Namens, den man dem Tiere gegeben, zu seinem Herrn gerufen, wenn dieser es zum Dienst nötig hat. Auch einzelne Worte lernt

ein Pferd kennen und behält sie treu im Gedächtnis. Jeder, der
mit Pferden umgeht, und namentlich solche abrichtet, weiss das
und braucht nicht an solche, übrigens hübsche Legende zu glauben,
wie sie Uffenbach (Carlo Ruini, Anatom. del Cavallo etc. [1603];
Uebersetzung) einst mitteilte:

„Aus diesen Historien zwar, was erscheinet anders als ein
grosser Verstand und Lehrsamkeit der Pferde, mit dergleichen
keines unter den grossen Thieren von Got begabet ist, also dass
auch, wie das Buch de Scala Dei genannt, erzehlet, ein Pferdt so
viel lateinisch gelernet, dass es die Wort dess Psalmens, Deus in
adjutorium meum intende, wol und überwol verstanden. Es hatte ein
Bischoff, sagt Scala, ein schön, tüchtig, statlich, wacker Pferdt,
welches ihm wol anstünde, dasselb pflegt er allein zu reiten. Nun
war ein geistlicher Bruder vom Adel bey im zu Hoff, der hatte
grosse Lust und Gefallen zu dem Pferde, also dass er ihm nicht
liebers schencken zulassen wünschen wolte, als das Pferdt. Nun
wusste er zwar wol, dass der Bischoff ihm ein solches so leicht
nicht schencken wurde. Derowegen erfand er diese Practic, dass
er ohne dess Bischoffs Consenss und Wissen das Pferdt offtermals
auss zu reyten sich unterfienge, auch ins Werck richtete. Wenn
er es nun an bequemen Ort hinauss bracht, gab er ihm die Sporen,
sagend: Deus in adjutorium meum intende. Das Pferdt nam solche
Wort fleissig in acht, und begab sich dann schnelliglich an zu lauffen.
Solche Gewohnheit braucht er so lang, biss das Pferdt, so oft es
gemelte Wort höret, sich vor den Sporenstreichen fürchtend, auf
die Hinterfüss uber sich sprange und unmässlich rante. Nuhn kam
die Zeit, dass auch der Bischoff denselben reyten wolt, dann er war
der best. Es hatte aber der Bischoff je und allwegen im Brauch
gehabt, wenn er reysen wolte, und jetzo den Weg für sich nahm,
dass er mit seinem Capellan die Matunitas zuvor lase. Als sie nuhn
den Weg für sich genommen und der Bischoff neben dem Capellan die
Matunitas lase und im lesen an die Wort des Psalmen kame: Deus
in adjutorium meum intende, hat so bald das Pferdt, als es diese
Wort vernommen, sich vor den Sporen fürchtend, sich in ein un-
gestümes, schreckliches rennen begeben und den Bischoff auss dem
Sattel in Kott geworffen. Der geistliche Bruder, welcher das Pferdt
ohne das gern gehabt hette, schepfft hierdurch ein Gelegenheit dem
Bischoff das Pferdt zu verleyden um in zuschencklig zu persuadiren,
welches dann auch geschah.“ —

Jedes Kavalleriepferd kennt die Trompetensignale; selbst wenn es beim Militär ausrangiert ist und von einem Civilisten geritten wird, versucht es, den Signalen eines Kavallerieregimentes, welche es zufällig hört, Folge zu leisten.

Konnte doch auch im Buch Hiob (Kap. 39, Vers 20) vom Pferd gesagt werden: „Wenn die Trommete fast klinget, spricht es: Hui; und riecht den Streit in der Ferne, das Schreien der Fürsten und Jauchzen."

Allgemein bekannt ist, dass das Pferd ein vorzügliches Gedächtnis besitzt.

Ein solches Tier erinnerte sich noch nach acht Jahren eines Stalles und einer Strasse (Romanes). Ein Pferd, das vor fünf Jahren verkauft worden, kam wiederum in den Besitz des früheren Eigentümers. Als es zum erstenmale auf den früheren Hof kam, wieherte es lebhaft; aus dem Wagen gespannt und abgeschirrt, suchte es von selbst den Stall und in diesem den Stand, den es vor fünf Jahren innegehabt hatte, auf.

Selten vergessen Rosse eine ihnen angethane üble Behandlung oder ihnen zugefügte Schmerzen. Jeder Tierarzt weiss, dass ein Pferd sich nicht leicht zum zweitenmal einer schmerzhaften Operation willig fügt, denn es hat die erste nicht vergessen.

Verfasser dieses Buches musste einst bei einem Fuhrmannspferde, das wegen eines Herzfehlers nicht chloroformiert werden konnte, eine sehr schmerzhafte Operation vornehmen. Bei dieser Gelegenheit hörte er das erste und letzte Mal in seinem Leben einen förmlichen Schrei von einem Pferde ausstossen, wie es im Schlachtgetümmel zuweilen geschehen soll, wenn ein Pferd eine sehr schmerzhafte Verwundung erfährt. Dieses Tier nun, welches geheilt wurde, war so wenig intelligent, einzusehen, dass die Operation zu seinem Besten vorgenommen worden war, vielmehr bildete es sich ein, der Operateur habe ihm aus bösem Willen den erwähnten Schmerz zugefügt, wenigstens war solches daraus zu schliessen, dass das Pferd, sowie es die Stimme des Operateurs hörte oder denselben sah, höchst aufgeregt und böse wurde, nach allen Richtungen hin ausschlug, die Zähne fletschte u. s. w. — Sogenannte bösartige Pferde, welche beissen, mit den Vorderfüssen hauen, als Schläger sich erweisen, sind fast nie von Haus aus so ungezogen, sondern sind es geworden durch Neckereien und Quälereien, die ihnen in ihrer Jugend durch Menschen angethan wurden, auf die sie in der ihnen eigentümlichen Weise reagierten und welche sie im Gedächtnis behalten haben. Durch ruhige und gütige Behandlung werden sie oft von ihrer Untugend befreit.

Thomas Dawson, ein bekannter Neumarket-Trainer, hatte einst einen Hengst „Mentor" in seiner Obhut, gegen den er unvernünftig streng und heftig gewesen war. Seitdem hatte der Hengst einen so wütenden Hass gegen ihn gefasst, dass er niemals in dessen Nähe kommen durfte und absolut nicht mit demselben auskommen konnte. Deshalb liess er das Tier zu seinem Bruder Matthew Dawson, auch einem Trainer von Ruf, bringen. Dieser kam dem Pferde mit Liebe und Freundlichkeit entgegen, behandelte es ruhig und gütig, so dass es bald gänzlich seine Bösartigkeit und Wildheit ablegte. Als Matthew dieses Resultat seinem Bruder mitteilte, bot ihm Thomas eine Wette an, dass er, ohne von dem Hengst gesehen zu werden, diesen nur durch seine Stimme wütend machen würde. Die Wette wurde abgeschlossen und die Beiden gingen nach den Ställen. Mentor war unter den Händen seines neuen Trainers, Matthew, absolut ruhig und fromm, bis er eine Stimme flüstern hörte: „Armer, alter Mentor"; da war seine Ruhe dahin, er schlug nach allen Seiten aus und das vorher so friedfertige Pferd geriet in rasende Wildheit. (Pferdefreund 1895, S. 308.)

Prevost erzählt von einem Hengst, der kastriert worden war. Man hatte dem Tier die Augen ungenügend verbunden, so dass er den Kastrierer sah. Als letzterer einige Tage nach vorgenommener Operation in den Stall des Pferdes trat, riss sich letzteres von seiner Halfterkette los und tötete seinen Beleidiger. So unwahrscheinlich diese Mitteilung klingen mag, etwas analoges ist häufig bei Hunden zu erfahren. Wenn ein Kastrierer einen männlichen oder weiblichen Hund der Keimdrüsen berauben soll, pflegt er zunächst den Besitzer des zu operierenden Hundes zu veranlassen, letzteren in einen dichten Sack stecken zu lassen, so zwar, dass er mit Kopf, Hals, Rumpf in demselben sich befindet: um die Mitte des Hundeleibes wird der Sack dann zusammen gebunden, so dass nur die Hinterhand des Hundes aus demselben hervorsteht. Hat der Viehschneider solches nicht gethan, ist er von dem Hund gesehen worden, so wird dieser den Operateur später auf Strassen und Gassen verfolgen unter lautem Gebell und unter Versuchen, diesen zu beissen. Der Hund hat ebenso gut wie das Pferd ein Gedächtnis für Unbilden und Beleidigungen, die ihm angethan worden sind. Ein Beispiel hierfür erzählt uns Gerlach (l. c.), welcher einst einem Hund mehrere Zehen amputieren musste; dieses Tier versteckte sich noch nach drei Jahren, wenn G. in die Stube trat, wo es sich aufhielt.

Für freundliche Behandlung sind fast alle Tiere empfänglich

und dankbar und haben für solche ein treues Gedächtnis. Rarey, der bekannte Pferdebändiger, den man so lange im Besitze eines besonderen Geheimnisses glaubte, erklärte, dass man, um ein böses Pferd zu zähmen, zwar gewisser Bändigungsmittel (Rareyriemen und Aufbinden eines Vorderfusses mit demselben) unter Umständen nicht entbehren könne, dass aber die gute, verständige Behandlung des Pferdes die Hauptsache sei; man müsse nur Liebe und Vertrauen in der Seele eines bösen Pferdes erwecken, um alles von ihm gethan zu sehen, was man wünscht.

Auch die meist als so störrisch verschrieenen Maultiere sind für eine sanfte, gute Behandlung sehr empfänglich. Gerstäcker sowohl, als J. Froebel, erzählen in den Beschreibungen ihrer Reisen in Südamerika hiervon. Ersterer z. B. teilt im ersten Bande seiner Reiseschilderungen mit: „der Bach, an dessen Ufer wir hinauf mussten (in den Andes, auf dem Wege nach Valparaiso), hatte überall Eis, so dass mein Maultier an mehreren wirklich abschüssigen Stellen verschiedene Male abglitschte und zu stürzen drohte, jedesmal aber nur durch den Zuruf „Oh mula, oh mula" vom Hinstürzen abgehalten und zu neuen Anstrengungen angespornt wurde und zwar an Stellen, wo ein Pferd Hals und Beine gebrochen hätte. Dem strauchelnden Tiere, das durch Strafmittel nur störrisch gemacht worden wäre, wurde nur zugerufen, dass es ein Maultier sei und wurde so gleichsam bei seinem Ehrgefühl in wirksamster Weise angefasst."

Die Dressierfähigkeit eines Pferdes hängt hauptsächlich von dessen Gedächtnis ab. Im Zirkus Renz wurden Pferde Trakehner Blutes, Araber und sonstige Orientalen, also Tiere mit relativ grossem Gehirn (vgl. S. 5) bevorzugt, wenn es sich um Beibringung besonderer Kunststücke oder um Dressur in Freiheit handelte, während als Springpferde englisches Voll- und Halbblut, irische Hunter u. dgl. in der Regel ausgewählt wurden.

James Fillis (l. c.) behauptet, das Begriffsvermögen der Pferde sei ein sehr beschränktes, die einzige Fähigkeit, die solche besässen, sei ein gutes Gedächtnis.

Hätte Fillis gewusst, welche geistigen Arbeiten nötig sind, um ein gutes Gedächtnis zu besitzen, würde er derartiges nicht geäussert haben.

Flechsig (Rektoratsrede: Gehirn und Seele, 1894) sagt: „Sowie man die psychischen Gesamtfunktionen eines geistesgesunden Menschen sich vorstellen will, darf man nicht vergessen, dass bei einem solchen sich alle Sinneseindrücke mit zahlreichen Erinnerungen verknüpfen. Durch Verknüpfungen von Eindrücken mit Erinnerungen (die Gedächtnis voraussetzen, d. Ref.) entstehen Vorstellungen; erst dadurch resultiert die richtige Deutung unserer Sinneseindrücke. Reine Sinneseindrücke ohne Erinnerungen kommen bei geistesgesunden Erwachsenen kaum vor, wohl aber bei krankhaften Störungen des Bewusstseins (Bewusstlosigkeit; Dämmerungszustände bei Geistesarmen)."

Nach Flechsig und seinen Schülern giebt es am Grosshirn des erwachsenen Menschen vier geistige Centren, die in neun anatomisch wohlgesonderte Gebiete zerlegt werden können. „Mit der Zerstörung der geistigen Centren," giebt Flechsig an, „geht ausnahmslos das Gedächtnis in grosser Ausdehnung verloren, deshalb suchen wir in ihnen einen grossen Teil derjenigen nervösen Elemente, welche die Erinnerungsfähigkeit für Sinneseindrücke besitzen."

Das Grosshirn des Pferdes ist leider noch nicht auf seine geistigen Centren erforscht; da die Einhufer aber über ein sehr gutes Gedächtnis verfügen, dürfen wir wohl solche, wenn auch nur denen des Menschen ähnliche, beim Pferde voraussetzen.

Um schliesslich noch ein schlagendes Beispiel vom vorzüglichen Gedächtnis der Pferde beizubringen, sei folgendes mitgeteilt. Durch Dressur diesen Tieren gegebene Gangarten behalten diese bei und es ist nicht zweifelhaft, dass Darwin Recht hat, wenn er behauptet, künstliche Gangarten könnten sogar vererbt werden. Die Goagiro-Indianer bringen ihren Pferden den Passgang dadurch bei, dass sie die gleichseitigen Füsse derselben miteinander verbinden je durch einen Strick, welcher so lang ist, dass, rechts wie links, der Vorderfuss an den gleichseitigen Hinterfuss, wenn das Tier gleichmässig auf vier Füssen steht, gebunden wird; beim Heben und Versetzen des Vorderfusses wird dann der gleichseitige Hinterfuss gehoben und nach vorn gezogen.

Die Passgänger vergessen den ihnen angethanen Zwang nicht und gehen schliesslich von selbst diese Gangart. Nachkommen derart dressierter Rosse sollen zuweilen den Passgang ererbt haben.

Auch Gefahren kennt das Pferd und sinnt über die Mittel nach, solchen zu entgehen.

Sowohl die auf der Weide sich befindenden gezähmten Pferde, als die verwilderten Steppenpferde kennen die ihnen schädlich werdenden Raubtiere, die sie meist auf grosse Entfernungen hin wittern und verstehen es, sich gegen diese zu wehren und zu verteidigen, indem sie Kreise oder Karrees bilden, in deren Mitte die Füllen und schwachen Tiere genommen werden, so zwar, dass alle ihre Köpfe nach innen, die Hinterteile nach aussen halten, bereit, den Feind durch kräftige Hufschläge zu empfangen. (Vergl. noch unter Kampfeslust.)

Beispiele, dass Pferde für ihre Zukunft Sorge tragen, sind nicht bekannt. Wohl ist dies unter den Haustieren vom Hunde in Erfahrung gebracht worden, der Nahrungsmittel, die er im Augenblick nicht verzehren kann, verscharrt, vergräbt, um sie zur passenden Zeit für sich oder für befreundete Genossen wieder hervorzuholen.

Pferde geben Neigung und Abneigung untereinander, zu den Menschen und zu Tieren kund.

Zuneigung zu ihren Stallgenossen geben sie durch freudiges Wiehern zu erkennen, wenn letztere fern gewesen und zu ihrem Aufenthaltsort zurückkehren.

Verwilderte Pferde leben in Rudeln zusammen, deren jedes von einem Hengst geführt wird. Die erbittertsten Kämpfe zwischen diesem und einem fremden Hengst, der sich einem Rudel zugesellen will, finden statt. Auch bei diesen Hengsten gilt der Spruch: Eifersucht ist eine Plage.

Die Eifersucht scheint zwar bei Hengsten nicht sehr ausgeprägt zu sein, da sie nur bei Wahrnehmung eines Begattungskonkurrenten eintritt und nicht nur infolge blosser Vorstellung, wie z. B. beim Hirsch, der aus Eifersucht seinem Gegner ruft und dieser dem Rufe folgt; da ist sie vorhanden.

Pferde können sich unfehlbar untereinander verständigen. Hierüber soll später einiges mitgeteilt werden. Heinrich Kermes (Geistiges Leben der Tiere, Argentinisch. Wochenblatt 1897) schreibt: „Eine der häufigsten Gebärden ist diejenige, mittelst welcher ein Pferd dem andern sagt: ich mag dich nicht, geh deiner Wege, sie wird durch entschieden abweisende Bewegung, ähnlich derjenigen, welche wir im selben Falle mit der Hand machen, ausgedrückt. Ein fremder Gaul, welcher sich auf der Weide einer Pferdeherde zugesellt, wird im Anfang auf diese Weise ausgeschlossen, bis schliesslich eines Bekanntschaft mit dem Fremdling macht und ihm zum Vermittler bei den übrigen dient, so dass er endlich als Mitglied der Herde betrachtet wird; aber darin wird keine bestimmte Regel inne gehalten, denn wenn mehrere fremde Pferde zu einer Herde kommen, so findet eines oder das andere am ersten Tage Freunde, während andere noch nach Monaten abgewiesen werden. Gefällt einer Stute ein Hengst nicht, so sucht sie sich in der Nachbarschaft einen anderen nach ihrem Geschmacke.“ (Das Gesagte gilt von Pferden auf den Haciendas von Argentinien.)

Derselbe Autor berichtet über Zuneigung seines Hengstes „Haemu“ zu einem Fohlen:

„Nachdem die Stute geworfen hatte, suchte ich zu beobachten, wie sich Haemu gegen den Neugeborenen verhielte; er besah sich den Kleinen aus einiger Entfernung und mir schien es fast, nicht nur aus Neugierde, sondern auch mit einer gewissen Scheu oder Furcht. Sicher würde auch die Mutter jeden Versuch der Annäherung ihres Gegners (Haemu war nie der Stute gewogen gewesen) verhindert haben. Einige Tage später sah ich, wie Haemu den Kleinen untersuchte, er beroch ihn von oben bis unten auf das Gründlichste. Als er schliesslich an die Hinterbeine kam, versuchte der Kleine, der ungeduldig geworden, mit seinen noch steifen Beinchen auszuschlagen; nicht sobald sah Haemu diese Herausforderung, als er sich auch schon wie der Blitz herumdrehte und gleichfalls zu schlagen im Begriff war, glücklicherweise überlegte er es sich noch und liess ab. Bei anderer Gelegenheit beobachtete ich, wie umgekehrt das Füllen mit seinen Lippen Haemu am Kopfe liebkoste und dass dieser alte Sünder, damit ihm der Kleine bis an die Ohren gelangen könne, den Kopf immer tiefer senkte. Als sein Schützling schon gross war und bereits geschlechtliche Neigungen zu anderen Pferden zu erkennen gab, liess Haemu (dieser war Kastrat), der früher so eifersüchtige Haemu, ihn ruhig gewähren. Unmöglich ist es mir, den Gesichtsausdruck Haemus zu beschreiben welcher sich ohne Zweifel auf dem Gipfelpunkt der Glückseligkeit befand. In der Folge zeigte er eine Zuneigung ohne Gleichen zum Füllen, er ermüdete nie, mit ihm zu spielen, so dass dieses die Mutter nur aufsuchte, um zu saugen.“

Der Pferdehengst hat eine unüberwindliche Abneigung gegen die Eselstute, falls er letztere, zwecks der Zucht von Mauleseln, decken soll: ihm müssen beide Augen gut verbunden werden, soll er den Coitus mit der Eselin vornehmen. Der Eselhengst zeigt diese Abneigung nicht gegenüber dem weiblichen Ross. Im ersteren Falle mag freilich die Abneigung mehr in anatomisch-physiologischen Verhältnissen begründet sein, und nicht der Widerwille aus seelischen Gründen statthaben. Der Geruch der von der Eselin ausgehenden Düfte kann aber für den Pferdehengst nicht bestimmend sein, die erstere nicht begatten zu wollen, da er den Beschälakt vornimmt, wenn ihm die Augen verbunden sind. Die von einem Menschen ausgehenden Düfte spielen sicher bei der Zuneigung und Abneigung der Tiere zu den Menschen eine grosse Rolle. Jeder, der sich mit Zähmung wilder oder bösartiger Pferde abgiebt, weiss, dass er dreist und ohne Angst zu empfinden an das betreffende Tier herantreten muss. Ist er ängstlich, hat er von vornherein sein Spiel dem Pferde gegenüber verloren. Die Erklärung Jägers (Entdeckung der Seele), dass der von einem in Angst sich befindenden Menschen ausgehende Geruch, der Angstduft, daran Schuld habe, will mir richtig erscheinen. Dass Pferde Zuneigung und Anhänglichkeit an Menschen haben, welche bei ersteren das Verwittern vornahmen, ist eine ganz bekannte Sache.

Rarey brauchte bei Bändigung böser Pferde den Kniff, ihnen den Schweiss und die Absonderung der Haut seines Hodensackes und der Leistengegend an die Nüstern zu schmieren. Jeder ungarische Pferdehirt thut dasselbe mit seinen Pferden, um sie mit seinem Körpergeruch vertraut zu machen.

Dem mit dem Lasso eingefangenen Mustang pflegt der Indianer oder der Cowboy seinen Atem in die Nasenhöhlen zu blasen, um es ruhiger und geduldig zu machen, und dasselbe pflegen diejenigen vorzunehmen, welche böse oder ungebärdige Rosse zu zähmen, ihnen die Scheu vor den Menschen zu nehmen oder sie zu dressieren haben.

Sehr häufig wird nicht nur Heimweh bei Pferden beobachtet, die aus einer Wirtschaft und aus ihnen angenehmen Verhältnissen nach fernen Gegenden gebracht worden waren, sondern auch die Thatsache, dass einzelne Gäule, infolge des Sehnens nach ihnen befreundeten Pferden, vielleicht nach einem bestimmten, das neben ihnen gestanden im Stalle, ehe es von dem Besitzer verkauft wurde und in fremde Hände überging. Der Volksmund spricht von „Sehnenkrankheit" bei dem Pferde, welches wegen des Fortganges seines Kameraden traurig wird, einige Tage die Aufnahme von Futter verweigert oder doch Appetitsverminderung aufweist. Die erwähnte Bezeichnung für das Sichsehnen hat manches komische Missverständnis bei jungen, noch wenig erfahrenen Tierärzten hervorgerufen, indem sie die Bezeichnung Sehnenkrankheit auf eine Erkrankung der Sehnen (Tendines) bezogen.

Zuweilen geben Pferde besondere Zuneigung zu Tieren anderer Art, als sie selbst sind, zu erkennen und schliessen mit diesen Freundschaft. So sieht man in zoologischen Gärten manchmal einen Pony mit einem Elefanten in traulichem Verkehr zusammen leben. Gerlach (Seelenthätigkeit der Tiere, S. 33) erzählt von einem Pferd, das derart an einen Hund, welcher unter seiner Krippe seine Lagerstatt hatte, gewöhnt war, dass es nicht frass, wenn der Hund fehlte. Dieser liess dagegen niemanden an das Pferd, falls nicht diejenige Person, welche sich nähern wollte, die mit Futter gefüllte Schwinge oder einen Zaum in der Hand hatte.

In dem Jahrgang 1898 des „Geflügelzüchters" erzählte G. Allendörfer nachstehende wahre Begebenheit:

„Forstwart M. hatte nach dem Manöver ein ausrangiertes Artilleriepferd erworben, um mit ihm im Winter seine Kinder zur Schule fahren zu können. Untergebracht sollte „Max" im kleinen Stall (ursprünglich für ein Pferd des Oberförsters bestimmt) werden. Doch da hatte M. die Rechnung ohne den Wirt, wollte sagen, ohne Max gemacht. Sobald nämlich M. den Stall verlassen hatte und Max sich allein sah, gebärdete er sich wie ein Wahnsinniger.

Alle Pflastersteine aufhacken, die Heuraufe herunterreissen, Halfter und Kette sprengen, den Futterkasten umwerfen, über die niedrige Stallthüre übersetzen, selbige mit den Hinterbeinen aus den Angeln heben, war für Max das Werk von zehn Minuten. Alle Mühe, die sich Forstwart M. gab, um das Pferd ans Alleinsein zu gewöhnen, war vergeblich. Schliesslich brachte er das „Biest" für den Augenblick im Dorfe bei einem Bauern im Pferdestall unter. Auf dem Rückweg wurde M. geraten, dem an Geselligkeit gewöhnten „Artilleristen" doch ein Rind zur Gesellschaft zu geben. Forstwart M. dankte für den guten Rat und — holte sofort seinen Max wieder. Zu Hause angekommen, erwies sich der zweite Ständer als für ein Rind unzureichend; so wurde es denn mit der grauen Schweizerziege versucht. Und siehe da — Max war befriedigt. Forstwart M. konnte an der geschlossenen Thüre zuerst das freudige Wiehern

Maxens und dann, als Antwort, das freundliche Meckern der Ziege vernehmen. Als diese Ziege 2 Jahre später wegen Nachwuchs verkauft werden sollte, stellte Forstwart M. als vorsichtiger Mann zuvor die junge (weissgescheckte) Ziege neben Max. Dieser war mit dem Tausch jedoch keineswegs einverstanden, vielmehr schien er sein Lustspiel, gleich dem bei seinem Einzuge stattgefundenen, abermals aufführen zu wollen. Da holte M. schleunigst die graue Heppe wieder zu Maxens grösster Zufriedenheit zurück."

Von der Zuneigung des Pferdes zu den Menschen, zu ihren Pflegern und zu ihrem Herrn, können tagtäglich Beobachtungen gemacht werden, so dass beweisende Beispiele anzuführen eigentlich überflüssig wäre. Doch sei gestattet, einige hervorragende mitzuteilen.

Wer sich für Pferde interessiert und jemals den Jahrgang 1867 der Gartenlaube in die Hand nimmt. der versäume nicht, die als wahr verbürgte Geschichte vom Schimmel „Hercules" eines Cambridge-Dragoners, der die Schlacht von Langensalza mitgemacht, zu lesen (S. 74). Aus derselben erfährt man, was Zuneigung eines Pferdes zu seinem Herrn bedeutet. Ein Gutsbesitzer fand nach der Kapitulation der hannoverschen Armee auf dem Schlachtfeld den blessierten Dragoner, der für seinen ebenfalls verwundeten Schimmel — da Nahrung für Mensch und Tier gänzlich fehlte — ein Brot kaufen liess, um es zum allergrössten Teil an seinen treuen „Hercules" zu verfüttern. O, es ist ein kluges Tier und weiss genau wie ein Mensch. wer es gut mit ihm meint, äusserte der Soldat zum Gutsbesitzer, der ersteren mit sich auf sein Gut nahm, um ihn pflegen und gesund machen zu können. Daselbst erkrankte der Reitersmann schwer am Nervenfieber. Der Gutsbesitzer, welcher wusste, wie sehr der Dragoner an seinem Hercules und dieser an seinem Herrn hing, kauft bei der Armeeauktion den blessierten und deshalb lahmgehenden Schimmel für geringes Geld, um dem vorläufig auf seinem Krankenlager fast immer bewusstlos liegenden Soldaten später eine wirkliche Herzensfreude zu bereiten. Dem in den Gutsstall eingestellten Hercules wurde die beste Pflege zuteil, man legte ihm das beste Futter vor, allein das Tier frass nicht und magerte ab, wahrscheinlich aus Sehnsucht nach seinem Reiter. Da liess der Gutsbesizer einen Kleinknecht die Uniform des Dragoners anziehen und einen Kavalleriesäbel umschnallen und befahl dem Knecht, in solcher Gestalt, ohne ein lautes Wort zu sprechen, den Schimmel zu füttern. Letzterer, getäuscht durch die Uniform und das

Klirren des Säbels auf dem Steinpflaster, wieherte freudig auf, drehte und wendete sich bei jedem Schritt und Tritt seines vermeintlichen Herrn und erzeigte ihm die zärtlichsten Liebkosungen. Nur zuweilen schien eine Ahnung der Wahrheit das treue Tier zu beschleichen. Es war auch an zärtliche Worte gewöhnt und sein jetziger Pfleger blieb immer stumm, obwohl er es wie sein wirklicher Herr streichelte und liebkoste. Von Stund ab nahm das Ross etwas mehr Nahrung zu sich und nach wenigen Tagen schon trat es kräftiger auf und lahmte immer weniger. Als der Dragoner genesen war, führte ihn der Gutsbesitzer in den Stall. Ein einziger Blick des Reiters genügte, um seinen Liebling zu erkennen. „Hercules, mein Hercules, du lebst noch, ich habe dich wieder," rief der Dragoner mit zitternder Stimme. In fliegender Eile stürzte er nach seinem Rosse, welches die Ohren spitzte und mit einem freudigen Wiehern antwortete. Aber die Gefühle des Reitersmannes waren zu stark, die Ueberraschung allzu gewaltig; er sank in die Kniee und es dauerte lange, ehe die Schwäche verging. Während das geschah, zeigte sich Hercules sehr aufgeregt; er riss an den Ketten, drehte sich bald rechts, bald links und bieb und schlug um sich. Langsam führte der Gutsbesitzer den Soldaten zu dem unruhigen Rosse und sprach: Erkennen Sie ihren Schimmel, habe ich es Ihnen zu Danke gemacht? Na, nun sind Reiter und Ross wieder zusammen! Der Dragoner umschlang das treue Tier und herzte es viele Male. Hercules aber geberdete sich sehr unartig, als sein Herr ihn wieder verlassen wollte, und dieser war genötigt, sein Nachtlager, wie einstens im Bivouac, neben ihm aufzuschlagen."

In Semilasso, vorletzter Weltgang, von Fürst Pückler-Muskau (1835; S. 198) lesen wir über ein arabisches Pferd folgendes: „Den vierundzwanzigjährigen Hengst Massoud hatte man auf einen eingezäunten Rasenplatz ins Freie gelassen, wo er gleich den ausgelassensten jungen Füllen herumsprang. Er ist ausserordentlich sanft und liebt die Menschen. Auf den Ruf seines Wärters hörte er folgsam wie ein Hund. Es ist dasselbe Pferd, welches bei Passierung eines Kanales sich vor einer Fähre scheute, seinen Reiter aber nicht abwarf, sondern mit einem ungeheuren Satze ihn, der sehr erschrocken war und fast in den Aesten eines über das Wasser gebeugten Baumes hängen geblieben wäre, auf die andere Seite brachte. Der Türke warf sich im höchsten Enthusiasmus dort vor dem edlen Tiere nieder und küsste ihm die Hufe."

Eduard Rüdiger (das Recht unseres Pferdes; Wiener landwirtschaftl. Zeitung) giebt folgendes an: „Aus den Napoleon'schen Kriegen wird eine Geschichte von dem Trompeter Lamont im 7. französischen Husarenregiment erzählt, dessen Pferd ihn im Treffen öfters gerettet und der zum Dank dafür besser für das Pferd sorgte, als für sich selbst. Als 1809 Lamont in einem Treffen an der Donau blieb, verliess das Pferd die Leiche nicht, sondern verteidigte sie gegen Leute, welche sie aufheben wollten, mit Gebiss und Huf. Napoleon, dem die Sache rapportiert worden, gab Befehl, das Pferd in Ruhe zu lassen und zu beobachten. Die zur Bewachung bestimmten Personen erzählten, das Pferd sei die ganze Nacht bei der Leiche geblieben, habe sie des anderen Morgens umgewälzt und vom Kopf bis zu den Füssen berochen, habe dumpf gewiehert und sei zuletzt der Donau zugeeilt, in der es ertrank."

James Fillis (l. c. S. 10) behauptet: „das Pferd ist für Anhänglichkeit gar nicht empfänglich, es hat nur Gewohnheiten. Aber diese Gewohnheiten nimmt es leicht an, zu leicht selbst und hält daran übermässig fest." Als Beweis hierfür vermag Fillis nur ein einziges Beispiel (eins ist keins) anzugeben, was nach unserer Meinung gar nichts beweisen kann. Dieses Beispiel, nach den eigenen Worten von F. ist folgendes:

„Einer meiner Freunde hatte ein Pferd, welches zu ihm herankam, wenn er es rief, wieherte, wenn er in den Stall trat und dergleichen mehr. Er war überzeugt, dass dieses Pferd ihm besonders zugethan sei, und dass es einginge, wenn er es verlassen würde. Nachdem ich nun die Gewohnheiten desselben mir haarklein hatte mitteilen lassen, bat ich ihn, mir das Pferd anzuvertrauen und brachte es, ohne etwas in seinen Gewohnheiten zu ändern, zu mir. Vom andern Tage ab liess ich das Pferd zur gewöhnlichen Zeit arbeiten, belohnte es nach altem Brauch mit Mohrrüben und reichte ihm selbst, indem ich die Stimme seines Herrn nachahmte, sein Futter, zu einer Zeit, zu welcher es solches zu empfangen gewöhnt war. Am folgenden Tage nahm ich wieder meine eigene Stimme an, und trotzdem noch nicht 48 Stunden vergangen waren, liess mir das Pferd dieselben Liebkosungen zuteil werden, wie seinem Herrn und merkte nicht einmal, dass dieser ein anderer geworden war."

Von der Klugheit der Pferde wurden Seite 20 und Seite 21 bereits Beispiele angegeben. Sie haben zu erlernen, dem Menschen gehorsam zu sein und sich dessen Willen zu unterwerfen, nicht dem angeborenen Triebe, frei herumlaufen zu wollen, zu folgen, sondern haben dem Menschen als Zug- oder Reittier zu dienen, wozu Klugsein gehört.

Elternliebe ist bei dieser Tierart auch zu finden, insbesondere ist die Liebe der Stute zu ihrem Fohlen gross.

Geselligkeitsbegriffe müssen Pferde besitzen, sonst würden verwilderte sich nicht zu Rudeln einen und in solchen zusammenleben; wenn die Rudel zu gross werden, teilen sie sich in kleinere Familien, deren jede ein Hengst führt. Wenn man in den Savannen Amerikas mit an verschiedenen Orten zusammengekauften Pferden und Maultieren eine Reise machen will, wird es für unerlässlich angesehen, dass man die Tiere einige Tage lang zusammen einsperrt, damit sie sich gegenseitig kennen lernen und die Neigung bekommen, in Gesellschaft zu leben. Später kann man sie ruhig auf der Reise in die Savannen und Wälder lassen, sie halten dann immer zusammen und entfernen sich nicht weit von einander, immer nur so weit, dass sie die Glocke der Madrina, des Leittieres, hören können.

Von dem Unterstützen schwacher und kranker Genossen können verschiedene Beobachtungen Zeugnis ablegen.

Das ältere zugfeste Pferd, mit einem jungen schwachen Ross zusammengespannt, übernimmt gern und willig den Löwenanteil beim Ziehen.

Bousanell beobachtete zwei Pferde, die ihrem alten Pferdenachbar, welcher nur noch Zahnstumpfen besass, den Hafer vorkauten. —

Fast alle Gemütsaffekte des Menschen finden sich auch bei Tieren, speziell auch beim Pferde, insbesondere bei letzterem: Kampflust. Zorn, Schreck, Furcht, Freude, Heiterkeit, Trauer, Stolz, Eitelkeit, Eigensinn, Neid, List und Hinterlist, Rachsucht. Es mag sein, dass derartige Gemütsbewegungen bei Tieren weniger nachhaltig und in geringerem Grade vorhanden sind als bei Menschen.

Kampfeslust und Mut.

Fast jedes Militärpferd, welches in eine Schlacht oder in ein Gefecht kommt, zeigt Mut und Kampflust, nur ganz ausnahmsweise wird eines oder das andere feige erfunden.

Heisst es nicht im Buche Hiob (Kap. 39, Vers 31—33) vom Schlachtenross: „Es stampft auf den Boden und ist freudig mit Kraft und zeucht aus, den Geharnischten entgegen. — Es spottet der Furcht und erschrickt nicht und fleucht vor dem Feinde nicht. — Wenngleich wider es klinget der Köcher und glänzet beide, Spiess und Lanze."

Buffon erklärte, „mit dem Menschen teilt das Pferd die Anstrengungen des Krieges und den Ruhm der Schlachten, ebenso kühn als sein Herr sieht es die Gefahr und trotzt derselben, es teilt sie im Geklirr der Waffen und ist von demselben Mute bewegt als sein tapferer Reiter.

Richard March (Allerlei vom Pferde; Wiener landw. Zeitung) sagt über den Mut des Pferdes: In tausend Schlachten und Gefechten, sowie nicht minder bei Turnieren und sonstigen Kampfspielen des Mittelalters hat es seinen Mut bewährt, es hat keine Furcht bezeugt vor blitzenden Schwertern und dem Donner der Geschütze und wenn die Reiter auf einander schlugen, kämpfte es mit seinesgleichen.

Herodot (450 v. Chr.) berichtete: Ein persischer Feldherr habe ein Pferd geritten, das abgerichtet war, gegen jeden gewappneten Mann zu bäumen, mit den Vorderfüssen darauf loszuhauen, so dass das Ross mehr gefürchtet war, als der Reiter. — Solches thuen in der Schlacht auch heute noch Pferde, ohne dazu abgerichtet zu sein.

Mit welchem Mut und mit welcher Ausdauer kämpft nicht der Hengst in der Freiheit, wenn es gilt, seine Herde gegen Raubtiere zu verteidigen? Wie erbittert werden die Fehden zwischen Hengsten ausgefochten, die Nebenbuhler sind. Wenn die Tabunenpferde *) ihre Frühjahrskämpfe mit den Wölfen auszufechten haben, so bilden, sobald die gierigen und listigen Raubtiere heranschleichen, Stuten und Wallachen einen Kreis, in dessen Mitte sie die Fohlen getrieben haben, die Hengste aber sind ausserhalb des Kreises und mit flatternder Mähne und peitschendem Schweif rücken sie dem schleichenden Wolf auf den Leib, schlagen ihn mit ihren Vorderfüssen nieder oder fassen das durch einen Schlag betäubte Raubtier mit ihren Schneidezähnen und schleudern es den Stuten und Wallachen zu, die ihm dann mit Füssen und Zähnen den Garaus machen.

Fürst Pückler-Muskau (vorletzter Weltgang von Semilasso 1835, S. 195) erzählt: „Ourfaly, ein Fliegenschimmel, angeblich Kenhoylan aus Mesopotamien vom Stamme Barak, wird auch von Demoiseau erwähnt, wie er seinen Reiter abwirft, um einen heftigen Kampf mit einem anderen Pferde zu beginnen. Er hat diese Untugend noch und findet sich kein anderes Pferd, so greift er

---

*) Tabunenpferde sind die in den Steppen und Oeden des europäischen und asiatischen Russlands weidenden Rosse.

seinen Reiter an. Im Stall ist er ganz fromm, nur im Freien scheint ihn diese Kampfwut anzufallen. Wenn er ausgeritten wird, steigt der Reiter daher stets im Stande auf und auch dort wieder ab. Unterwegs abzusteigen, würde ihn unfehlbar in die grösste Gefahr bringen."

Zorn.

Wenn junge Pferde häufig von Menschen beleidigt, geneckt und gequält werden, findet man sie zum Zorn aufgelegt, wenn sie Menschen sehen, während sie Tieren gegenüber gutmütig und liebreich bleiben. Sie legen beim Anblick von Menschen ihre Ohren scharf nach hinten, stossen ihren Kopf nach vorn, entblössen ihre Zähne, bereit zum Beissen, stampfen mit den Füssen und heben die Vorderbeine, als wenn sie loshauen wollten, in den glotzenden Augen den Ausdruck des Zornes wahrnehmen lassend.

Schreck

über plötzlich zum Vorschein gekommene Gefahr, über gefährliche Raubtiere, über ungewohnte Erscheinungen und heftige Geräusche geben Pferde sehr oft zu erkennen dadurch, dass sie ihren Kopf sehr hoch heben, so zwar, dass ihr Hals fast senkrecht über dem Widerrist steht, dass sie die Nüstern und die Nasentrompeten (sogen. falsche Nasenlöcher) erweitern, heftiges Schnaufen oder Schnarchen hören lassen, Augen und Ohren nach vorwärts richten; die erschrockenen Tiere zittern, ihr Herz pocht ungestüm, ihre Haare haben sich gesträubt, endlich machen sie vor dem Gegenstand, der ihnen Schreck einflösst, kehrt und suchen durch eiligsten Lauf zu entfliehen oder aber sie stehen still und sind durchaus nicht zum Fortgehen zu bewegen.

Furcht.

Schreck und Furcht gehen gern beim Pferde Hand in Hand. Ein ungewohnter Gegenstand, z. B. ein mit Weisskalk beworfener Chausseesteinhaufen, der Schatten, den Bäume auf den von der Sonne beschienenen Verkehrsweg werfen, im Winde flatternde Fahnen und Wäschestücke, Dampfwalzen, elektrische Strassenbahn u. s. w. können ihm so gut Furcht einjagen, als plötzlich hörbar werdende Geräusche, z. B. der Pfiff einer Lokomotive, der Donner, das Krachen eines Geschützes. Es zittert vor der Gefahr und schwitzt womöglich vor Angst, flieht endlich vor dem, was ihm Furcht erregt. Die

Furchtsamkeit ist sehr vielen Pferden angeboren, aber sie ist nicht allein Folge des Instinktes, sondern auch verursacht durch Seelenthätigkeit, begründet im Gedächtnis, hervorgegangen aus Erfahrungen, Folge eines Vorstellungs- und Wahrnehmungsgefühls. An der Physiognomie können wir das furchtsame Pferd erkennen. Oft legt es seine Ohren nach vorn an den Kopf, reisst die Augenlider weit von einander, die Augäpfel sind nach vorn gerichtet, die Nüstern weit, das Maul etwas geöffnet. Das ganze Gepräge des Kopfes redet von Nervosität, Scheu, Aengstlichkeit. Das sich leicht fürchtende Tier markiert viel, d. h. guckt häufig, unter Stutzen, nach allen, ihm auffallenden, wenn auch harmlosen Gegenständen, ja es bietet alles auf, um nicht an diesen vorbeigehen zu müssen und wendet, dreht sich um oder geht rückwärts; oder aber geht einfach durch, gleichgiltig, ob es vor den Wagen gespannt ist oder ein Reiter auf seinem Rücken sitzt.

Nicht alle Pferde sind furchtsam, manche gar nicht, andere sehr, diejenigen, welche Glasaugen besitzen, sind es in der Regel. Vieles wird für Furchtsamkeit gehalten, was keine ist, sondern der Ausdruck des Uebermutes und der Ungezogenheit. Manche Pferde fürchten sich nur vor Dingen, die am Boden liegen (solche mit stark gewölbter, durchsichtiger Hornhaut, die deshalb kurzsichtig sind, oder wenn sie Hornhauttrübungen am unteren Teile der Cornea besitzen und die Gegenstände am Boden nicht deutlich erkennen können, deshalb bodenscheu sind), andere erschrecken leicht vor allem, was ihren Kopf überragt (Decke der Stallthüre oder Thorfahrt, Brückengewölbe, hochhängende Fahnen u. dergl.), endlich giebt es Rosse, die sich vor Dingen fürchten, die sie nicht ordentlich oder gar nicht sehen können, weil diese sich hinter ihnen befinden, hinter ihnen herlaufen oder Geräusch machen.

Freude.

Schaue auf die Freude, welche ein Pferd kundgiebt, wenn es seinen früheren Besitzer oder Pfleger einmal wieder sieht, wie hell und freudig es wiehert, den Gegenstand seiner Zuneigung beschnuppert und beleckt!

Heiterkeit.

Wer Pferde, die auf der Weide befindlich sind, sich herumtummeln sieht, munter und fidel sich gegenseitig neckend, Wettrennen mit einander anstellend, der wird nicht daran zweifeln, dass dieselben heiter sein können.

Trauer.

In Schlachten haben Pferde ihren gefallenen Reiter nicht verlassen mögen, haben bei der Leiche ausgehalten und diese verteidigt (vergl. S. 39), Klagen durch dumpfes Wiehern und Ausstossen Trauer verkündender Töne wahrnehmen lassen. Solches wurde auch im deutsch-französischen Krieg 1870/71 mehrfach beobachtet. Wenn man sieht, wie ein hinter dem Sarge seines Herrn geführtes Leibpferd ruhig geht, keine Lust zu Sprüngen und Sätzemachen hat, mit gesenktem Kopfe einherschreitet und seine Physiognomie Schmerz ausdrückt, wird man nicht leugnen können, dass Pferde der Trauer zugänglich sind.

Hätte Homer niemals trauernde Pferde beobachtet, so hätte er gewiss nicht Trauer bei solchen so überaus schön schildern können, als er es in der Iliade (XVII, 216) gethan. Dort heisst es:

„Aber Achilles Rosse, die abwärts standen vom Schlachtfeld,
Weinten, als sie gehört, ihr Wagenlenker Patroklos
Läg im Staube gestreckt, von der Hand des mordenden Hektor."

An anderer Stelle aber:

„Also standen sie fest vor dem prangenden Sessel des Wagens,
Beid ihr Haupt auf den Boden gesenkt und Thränen entflossen
Heiss von den Wimpern herab den Trauernden, welche des Lenkers
Dachten mit sehnendem Schmerz."

Natürlich darf man eine solche licentia poëtica nicht wörtlich nehmen und braucht auch nicht an Märchen zu glauben, wie sie Plutarch von des König Nicodemes Ross erzählt, das seinen verlorenen Herrn beweint und aus Trauer sein Leben verliert.

Stolz.

Ein Araberhengst des Fürsten Pückler-Muskau ging um so stolzer, je mehr er Bewunderer um sich sah. Wie stolz geberden sich Circus-, Turnier- und Kommandeurpferde, namentlich, wenn ihrem Tonsinn durch rauschende Musik geschmeichelt wird. Sie strahlen und glänzen mit ihren Reitern.

Uffenbach, der schon mehrfach erwähnte Uebersetzer der Anatomia et Medicina Equorum Nova von C. Ruini, 1603, sagt in der Vorrede seines Uebersetzungswerkes:

„Dieses Argument zu Beweisung der Fürtrefflichkeit und Nutzbarkeit der Rossen, so sie einem gering zu sein bedünckten, die mit was begehret, zu bestätigen, will ich denselben vorhalten, was er

mir dazu sagen wolle, das Plinius spricht quod equi homini fide-
lissimi, und ob dann nicht propter fidelitatem das Ross anderen
Tieren seiner Tugend halber weit vorspringe. Will allhie mit mel-
den oder anzeigen, die grosse Lieb der Pferdte gegen ihren Herrn
(wohl mehr Stolz auf denselben), dergleichen Alexandri Magni Pferdt
gewesen (Plinius, Hist. nat. lib. VIII. c. 2), welches keinen auf sich
lassen steigen, sondern männiglich ab dem Sattel geworffen, als
allein Alexandrum Magnum."

Nach E. Rüdiger (das Recht unseres Pferdes) soll Napoleon I.
geschrieben haben:

„Ich hatte ein Pferd, welches mich von der ganzen übrigen
Welt unterschied und durch seine Bewegungen und durch seinen
stolzen Gang zeigen wollte, dass es einen, seiner Umgebung über-
geordneten Mann auf seinem Rücken trug. Er liess sich nur von
mir und dem Groom besteigen und wenn der letztere auf ihm sass,
waren seine Bewegungen ganz andere."

Eitelkeit.

Sehr viele Pferde sind eitel, gehen stolzen, paradierenden Gang,
nicken häufig mit dem Kopfe, wenn ihr Zaumzeug und Geschirr mit
Zieraten versehen ist. Das Kommandeurpferd lernt ganz genau den
Platz kennen, den es vor dem Regiment einnehmen muss. Will es der
Zufall, dass ein Adjutant ein Pferd seines Obersten reiten muss, so
wird es ihm sehr schwer werden, das Tier in der vorschriftsmässigen
Entfernung hinter dem Rosse, welches der Kommandeur reitet, halten
zu können, weil es sich heftig vordrängt, um an der Stelle marschieren
zu können, die es seiner Meinung nach einzunehmen hat.

Eigensinn.

Eigensinnig erweisen sich mit der wahren Stätigkeit behaftete
Pferde. Dann liegen fast immer krankhafte Störungen in den
Nervencentralorganen vor. Aber es giebt auch Pferde, welche aus
Willensstarrheit nicht fügsam sein wollen, also eigensinnig aus
Ueberlegung sind. Schon das ganz junge Fohlen, dem eine Scheu
vor dem Menschen angeboren sein muss, zeigt ausgeprägten Eigen-
willen auf, will sich nicht fügen und sich keinen Zwang anthun
lassen; das weiss jeder, der Füllen einzufangen, behufs Ausschneiden-
lassens von deren Hufen aufzuhalten, oder behufs Transportierens
aneinander zu koppeln hat. Der Eigensinn wird dem Fohlen nur
genommen und ihm Folgsamkeit, sowie Unterordnung seines Triebes

zur Freiheit unter den Willen des Menschen beigebracht durch verständige und liebevolle Erziehung. Zeichen des Eigensinns geben unter den erwachsenen Gäulen reichlich zu erkennen der sogenannte **Puller**, der rechtwinklig auf das Gebiss immer weiter und weiter geht, entgegen dem Willen des Reiters, selbst über Gräben und Hecken setzt, durch physische Mittel, nämlich festes Genick, festem Rücken, feste Hüften und Kniee, geeignet ist, die Absichten seines Reiters zu durchkreuzen, so dass er seinem Eigensinne folgen muss, ferner ist eigensinnig der **Schrammer**, d. h. ein Ross, welches sich seine Wege selbst sucht, in Bogen geht, Haken schlägt, Bocksprünge macht und tüchtige Preller verursacht, endlich gehört zu den Eigensinnigen, schon mehr Störrischen: der **Durchgänger**, welcher die Schärfe des Gebisses nicht achtet, Qualen nicht scheut, die ihm die starke Faust des Reiters oder des Fahrers anthut und immer in rasenden Sprüngen seinem Stall zueilt mit dem Entschlusse, Leib und Leben an die Erreichung des Zieles zu setzen. (Vergl. Spohr, die Zäumung; Hannover 1888, S. 94 bis 160, desgl. Heft 5 und 7 dieser Sammlung.)

Neid und Missgunst

erweisen Tiere schon durch den sogenannten Futterneid. Pferde zeigen sich aber auch sonst neidisch oder auch ehrgeizig. Manche derselben, welche im Wagen gehen, wollen kein anderes Geschirr an sich vorüber passieren lassen und der alte ausrangierte Trompeterschimmel stürzt lieber vor Anstrengung zusammen, als dass er andere Pferde an die Tête eines Reitertruppes kommen liesse.

List und Hinterlist.

Wie listig verfährt auf der Weide ein Fohlen, das sich mit Menschen vertraut gemacht hat, wenn es einen solchen necken, mit den Zähnen an den Kleidern anfassen und zupfen oder ihm mit dem Kopf einen sanften Stoss geben will?

Hinterlist verraten die meisten Stallschläger, sei es, dass sie gegen den Mann oder gegen Tiere schlagen; unter ihnen sind die schlimmsten und am meisten zu fürchten diejenigen, welche, ohne eine böswillige Miene kund zu geben, plötzlich nach hinten auskeilen, um ein in der Stallgasse vorübergehendes Geschöpf zu treffen und solchem Schaden zuzufügen.

Rachsucht.

Sehr wohl kennen Pferde ihre Quäler und Peiniger unter den Menschen und suchen sich durch Beissen, Hauen, Schlagen an diesen zu rächen. Häufig führt diese Rachsucht zum Hass gegen die Menschen überhaupt und sie suchen an solchen die ihnen von einem Einzelnen angethane Beleidigung zu rächen, während sie gegen Tiere gut gesinnt bleiben. Das ärgste Beispiel von Rachsucht (nach Prévost) wurde Seite 30 mitgeteilt.

Ein Bekannter des Verfassers dieser Abhandlung besass einen ungarischen Fuchswallach, der etwas nervös, sehr feurig, aber ohne alle Untugend war. Herr N. ging einst nach dem Stall seiner Pferde; da hörte er in demselben laut um Hilfe rufen; rasch eilte er in den Stall und kam gerade recht, um seinen Freund X. aus den Zähnen seines Fuchswallachs zu befreien, der X. gepackt hatte, ohne Zweifel, um ihn zu Boden werfen und ihn mit seinen Hufen bearbeiten zu können. Herr N. konnte gar nicht begreifen, wie so etwas der Wallach, welcher sonst vollkommen stallfromm war, hatte thun können, aber das Rätsel löste sich, als der herbeigeeilte Pferdewärter Herrn X. zurief: „Warum haben Sie neulich den Fuchswallach mit ihrem Stock geschlagen, das verträgt er nicht und vergisst die üble Behandlung auch nicht."

Noch eklatantere Beispiele von Rachsucht sind bei Hunden beobachtet worden. Im „Magazin für gesamte Tierheilkunde" von Gurlt & Hertwig (Jahrg. XXI, 1855, S. 244) wird unter der Ueberschrift, „Psychologisches Rätsel im Tierleben" folgendes mitgeteilt: „Auf einem Gute im Kreise Fischhausen gebaren der Hofhund und der Hühnerhund fast gleichzeitig mehrere Junge. Als dieses bekannt geworden, wurde angeordnet, dass die Jungen des Hofhundes in einem nahen Teiche ersäuft werden sollten. Dies geschah so, dass die Mutter während der Ausführung eingesperrt war. Einige Zeit nachher freigelassen, vermisste die Hofhündin ihre Jungen. Sie suchte sie ängstlich überall. Mehrere Stunden später sah man diese Hündin ein junges Hündchen im Maule tragen; man glaubte, sie habe ein ertränktes Junges gefunden und trage sich damit umher. Dem war nicht so. Die Hündin ging mit dem Jungen nach dem Teiche und kam mit leerem Maul zurück. Dadurch aufmerksam gemacht, ging der Besitzer nach dem Teiche und fand, dass auch die Jungen der Hühnerhündin im Wasser ertränkt waren. Nähere Nachforschungen erwiesen aber, dass die Hofhündin dieselben einzeln nach dem Teich geschleppt hatte, während die Hühnerhündin auf der Jagd war."

Nachahmungstrieb.

Das Fohlen sieht Untugenden und üble Angewohnheiten oft seiner Mutterstute ab und ahmt sie nach. Man meint dann oft, die Untugenden seien vererbt. In grösseren Pferdeetablissements, in den Ställen der Veterinärkliniken, in Rennställen, in welchen viele Pferde oft müssig stehen, verbreiten sich schlechte Angewohnheiten und Fehler leicht nach Art moralischer Ansteckung, so z. B. das Krippensetzen, das Leineweben, Schlagen und Hauen.

Anmerkung. Manche Handlungen eines Pferdes werden als Ausgangspunkte geistiger Thätigkeit angesprochen, während sie eigentlich nur reine Reflexerscheinungen sind. In der Wollusterregung bei der Begattung beisst in der Regel der Hengst die Stute, ein indirekter Reflexreiz muss auf dessen Beissmuskeln wirken, denn sonst hält sich der Hengst nur mit den Zähnen am Kamme der Stute fest. Wenn man nun Pferde mit der Hand am Halskamm oder am Widerrist kratzt, so zeigen sie die Zähne und schnappen leicht nach dem Kratzenden. Es handelt sich hier um eine associierte Bewegung des Tieres. Auf solche associierte Bewegungen der Pferde ist Ch. Darwin auf S. 46 seines Werkes „der Ausdruck der Gemütsbewegungen bei Menschen" eingehender zu sprechen gekommen. Wir geben wortgetreu seine Mitteilungen wieder. Er giebt u. a. an: „Pferde kratzen sich in der Art, dass sie die Teile ihres Körpers, welche sie mit den Zähnen erreichen können, benagen. Sie kratzen sich auch mit den Füssen oder reiben sich an Wänden u. dergl. Gewöhnlich zeigt ein Gaul dem anderen, wo er gekratzt werden möchte und sie benagen sich gegenseitig." (Letzteres doch wohl Verstandeshandlung? D. Verf.) Ein Freund Darwins beobachtete, dass, wenn er den Rücken seines Pferdes rieb, letzteres den Kopf vorstreckte, seine Zähne entblösste und seinen Unterkiefer bewegte und genau sich gerierte, als wenn es ein anderes Ross benagen wollte. (H. Kermes (l. c.) berichtet von einem Lieblingspferd „Haemu", einem braunen Bagual oder verwildertem Pferd, das als erwachsenes Tier von den Pampasindianern eingefangen und kastriert worden war, ähnliches: „Wurde es von seinem Herrn am Halse gekratzt, beantwortete es dieses durch Beissen an die Weste desselben." Anm. d. Ref.) Wenn ein Ross stark gestriegelt wird, so wird seine Begierde, irgend etwas zu beissen, gesteigert; es beisst dann auch wohl seinen Wärter, aber nicht aus bösem Willen. Ist ein Pferd voll Eifer, eine Reise anzutreten, so nähert es sich, so sagt Darwin, der gewohnheitsgemässen Weise des Fortschreitens auf die grösstmöglichste Art dadurch, dass es auf den Boden stampft. Wenn Pferde im Stall gefüttert werden sollen und sie erwarten ihren Hafer ängstlich, so stampfen sie das Pflaster oder das Streustroh. Manche Pferde benehmen sich in gleicher Weise, wenn sie hören, dass ihren Nachbarn Hafer geschüttet wird. Hier haben wir etwas vor uns, was man beinahe Ausdruck nennen könnte, da das Stampfen auf den Boden als ein Zeichen der Begierde anerkannt wird. Der Schrei eines Pferdes aus Not oder in der Wut mag oft nur deshalb erfolgen, weil bei allgemeiner starker Muskelanstrengung auch die Muskeln des Kehlkopfes stark in Mitleidenschaft gezogen werden, also unwillkürlich geschehen. Ueber noch andere associierte Bewegungen unter Gemütseindrücken berichtet Darwin: „Wild werdende Pferde ziehen die Ohren nach hinten, stossen zugleich ihren Kopf nach vorn, entblössen die Zähne, bereit zum Beissen. Wollen sie nach hinten ausschlagen, so ziehen sie aus Gewohnheit die Ohren auch meist zurück, ihre Augen werden nach rückwärts gerichtet. Sind sie in ihrem Stalle und befinden sich im Zustand der Zufriedenheit, so erheben sie ihren Kopf und ziehen ihn etwas ein, spitzen die Ohren und sehen ihre Freunde scharf an, wobei sie oft wiehern. — Pferde kämpfen mit einander, indem sie hauptsächlich die Zähne und Vorderbeine brauchen, viel mehr als die Hinterbeine zum Ausschlagen nach hinten. Zurückziehen der Ohren an den Kopf geschieht gewöhnlich nur beim Beissen und ist ganz anders, als wenn Pferde die Ohren an den Kopf legen, um etwas hinter sich zu hören. Wenn ein im Stall befindliches Pferd nach hinten ausschlägt, so hat es nicht die Absicht zu beissen, legt aber doch die Ohren an aus blosser Gewohnheit, weil es kämpfen will. Wenn es auf der Weide mit Genossen spielt, oder wenn es infolge davon, dass es von der Peitsche des Fahrers nur leise berührt wird, nach hinten ausschlägt, so zeigt es das Ohrenanlegen nicht, da es nicht in böser Stimmung ist. Das Zurückziehen der Ohren sehen wir niemals bei den Wiederkäuern unter den Haustieren, wenn sie in böser Stimmung oder in Kampf geraten sind. Hirsche thun solches, sie beissen aber auch gelegentlich bei Kämpfen, was Rinder, Schafe, Ziegen niemals thun".

Wie verständigen die Pferde sich untereinander, denn dass sie solches thun, weiss jeder, der diese Tiere genau beobachtet hat, namentlich, wenn sie auf den Weiden, in Laufräumen etc. sich aufhalten?

Haben sie eine Sprache?

Zunächst verfügen sie über eine Gebärdensprache. Die Physiognomieen dieser Tiere drücken schon von vornherein aus, wessen Charakters sie sind. Das böse Ross legt immer die Ohren nach rückwärts an den Kopf, blökt die Schneidezähne, sperrt die Nüstern auf, sofern sich irgend wer nähert, in seinem Auge ist der Ausdruck der Bosheit und der Wut deutlich zu lesen; das gute und fromme Pferd hat Freundlichkeit im Blick, spitzt die Ohren, wenn Tiere oder

Menschen an dasselbe herantreten, beschnuppert solche gutmütig oder beleckt sie, ohne auch nur den geringsten Versuch zum Beissen zu machen, ebenso wenig als eine Neigung zum Hauen oder zum Hintenausschlagen aufzuzeigen. Der furchtsame Gaul legt häufig die Ohren nach vorn an seinen Kopf, selten nach hinten, letzteres nur, um etwa hinter ihm geschehende Geräusche deutlich zu vernehmen; irreguläres Ohrenspiel, häufig wechselnde Stellung der Ohren finden wir bei einem an chronischer Gehirnkrankheit leidenden Pferd (selten auch bei blinden Tieren); sein glotzendes, ausdrucksloses, stieres Auge verrät die mangelnde Psyche.

Das Mienenspiel des Pferdes ist viel ausdrucksvoller, als das des Menschen.

Auch durch Kopfbewegungen, Heben der Füsse und Bereithalten zum Hauen oder Ausschlagen, durch Halsbiegungen, Anschmiegen etc. wissen Pferde ihren Willen und ihre Absichten kund zu geben. Sehr wohl können solche sich auch durch Laute verständigen, aber sie bleiben auf einen kleinen Kreis von Lauten beschränkt. Dieselben Laute, welche ein Einhufer vor tausenden von Jahren vernehmen liess, gewissermassen als seine Sprache, um Erregungen oder Absichten mitzuteilen, stossen auch das heute lebende Pferd, der Esel, das Maultier noch aus. Die Sprache des Menschen hingegen hat sich im Laufe der Zeiten vervollkommnet, an Umfang zugenommen, und wurde mit der höheren Geistesentwicklung besser. Das Tier wird immer nur Wahrnehmungen, niemals Erkenntnisse und Begriffe durch seine Sprache auszudrücken wissen.

Die Lautsprache der Pferde kann freilich eine mannigfache sein; nicht nur verstehen sie durch die Art ihres Wieherns, ob solches leise oder laut, stark oder schwach, in höheren oder tieferen Tönen geschieht, Kampfeslust und Zorn, freundschaftliche Gesinnung und Zuneigung, Freude und Trauer u. s. w. auszudrücken. In der Wut oder bei schmerzhafter Verwundung vermögen sie einen lauten Schrei auszustossen, wenn sie krank sind, durch Stöhnen und Aechzen innerlich empfundene Schmerzen kund zu geben.

Hören wir hierüber H. Kermes (l. c.), der Gelegenheit hatte, auf den Haciendas Südamerikas vielfach die dort mehr in Freiheit lebenden Pferde zu beobachten und ihre Eigentümlichkeiten zu studieren:

„Ausser den Pantomimen und Gebärden verständigen sich die Pferde durch solche artikulierte Laute, wie sie naturgemäss sind, als z. B. Aeusserungen des Schmerzes, des Zornes, der Befriedigung, der Zuneigung, Liebe und der Freude, der Furcht, des Schreckens und andere mehr. Sie bringen derartige Laute nach freiem Willen hervor, um einem anderen Pferde etwa bestimmte Mitteilungen zu machen. So z. B.: will eines dem anderen sagen, dies oder jenes ist böse, so zeigt es mit dem Kopfe auf das Objekt und lässt die ihm beim Zorn üblichen Töne, begleitet vom entsprechenden Ausdruck des Gesichtes, hören; um das Gegenteil auszudrücken, lassen sie Laute der Befriedigung, der Zuneigung u. s. w. vernehmen."

An einer anderen Stelle sagt derselbe Autor:

„Meine zweite Stute (Fohlen) nannte ich Lieschen: sie war von blonder Farbe, sanftem Charakter und geringer geistiger Begabung, wenn es erlaubt ist, vom Pferde in solchen Ausdrücken zu sprechen. Lieschen war intime Freundin Haemus (vergl. S. 34). Aus verschiedenen Gründen hielt ich meine Pferde nachts im Corral; einmal daran gewöhnt, liessen sie sich am Abend gutwillig eintreiben, denn sie benutzten diese Zeit, um sich gegenseitig zu kratzen und mit einander zu spielen; sie gingen anfangs ganz ruhig, aber plötzlich blieben sie stehen, schwenkten wie unentschlossen hin und her, um schliesslich in verschiedener Richtung davon zu laufen. In geringer Entfernung vereinigten sie sich wieder, mich mit freundlichem, sanftem Gesichtsausdruck erwartend, liessen sich wie Lämmer treiben, um bald darauf wieder auszukneifen; sie wiederholten dies aber nicht zum dritten Mal, sondern gingen gehorsam in den Corral. Ich nahm an, dass sie imstande seien, sich gegenseitig ihre Absichten mitzuteilen und konnte mich überzeugen, dass das Signal zu diesem Auskneifen in einem kaum hörbaren Laute bestand."

Durch eine Art Pfiff wissen sich Pferde entschieden gewisse Signale zu geben, durch Quieken Kitzlichkeit und Empfindlichkeit auszudrücken.

Die Temperamente.

In alter Zeit nahm man an, dass bei Pferden vier verschiedene Temperamente vorkämen, nämlich das sanguinische, das phlegmatische, das cholerische und das melancholische Temperament, hatte auch die verschiedenen Temperamente an die Haut- und Haarfarben geknüpft, insofern man braunen Rossen das sanguinische, Füchsen das cholerische, Schimmeln das phlegmatische, Rappen das melancholische Temperament zumass. Diese Temperamentenlehre konnte nicht aufrecht erhalten werden und es trat an Stelle derselben die Lehre von den Konstitutionen, welche Professor Schütz in Berlin begründete*). Mit letzterem nimmt man heute an: 1. eine arterielle, 2. eine venöse, 3. eine lymphatische, 4. eine nervöse und endlich 5. eine schlaffe oder Bindegewebs-Konstitution.

So gut und wohlbegründet diese Lehre von den Konstitutionen auch ist, so dürfte es doch richtig sein, das Temperament der Pferde nicht allein und zwar nur allein von der Konstitution derselben abhängig sein zu lassen und es würde wohl richtiger verfahren heissen, wenn man für die in Frage stehenden Tiere ein lebhaftes und ein träges Temperament unterscheiden wollte; wenn es auch zutreffend ist, dass bei Pferden arterieller Konstitution meist lebhaftes (sanguinisches) Temperament vorhanden sich zeigt, so teilen sie solches doch mit denen nervöser Konstition, welche letztere nur noch einem leichter reizbaren Temperament unterliegen. Pferde der Bindegewebskonstitution werden immer ein träges Temperament besitzen. Die verschiedenen Grade des lebhaften und des trägen Temperaments werden durch die Konstitution des betreffenden Pferdes nicht immer und nicht allein gedeckt, das Temperament ist immer gleich zu achten dem Grad der Erregbarkeit der Empfindungsnerven, welche, wenn sie leicht reizbar, das lebhafte, wenn sie schwer erregbar sind, das träge oder phlegmatische Temperament hauptsächlich hervorrufen werden. Sehr leicht lässt es sich nachweisen, dass zwei Pferde von nahezu gleicher Konstitution doch von einander verschiedene Temperamente besitzen. Krankheiten oder eine an einem Tiere vorgenommene gewisse Operation, z. B. Kastration, können das lebhafte Temperament sehr wohl in ein träges umwandeln, ohne dass die früher vorhanden gewesene Konstitution ganz und gar geändert worden wäre; auch ist es bekannt, dass die Stute, wenn sie mehrfach Mutter gewesen ist, viel von ihrem lebhaften und reizbaren Wesen verliert, dass das höhere Alter die Empfindungsnerven und das damit im Zusammenhange stehende centrale Nervensystem abstumpft, ohne dass hervorragend die Konstitution des betreffenden Tieres abgeändert worden wäre.

Kommen bei Pferden Geisteskrankheiten vor?

Ja, falls man diejenigen Erkrankungen des Nervensystems, besonders des centralen dieser Tiere, welche das, was von Geist und Seele in letzteren ist, beeinträchtigt, als Geisteskrankheiten bezeichnen will.

---

*) Vergl. Zürn, Die Körperkonstitutionen und Temperamente der Haustiere. Oesterr. Molkereizeitung, 1897, Nr. 17 und 18.

Schon im Jahre 1865 hat der Magister der Tierheilkunde und Arzt Dr. Gleisberg in seinem Lehrbuch der vergleichenden Pathologie den Versuch gemacht, solche Nervenkrankheiten des Menschen, welche Geistesstörungen bedingen, den erwähnten Nervenkrankheiten der Haustiere gegenüber zu stellen. Wie wir bei Blutmangel oder Blutüberfüllung des Gehirns, bei Entzündungszuständen desselben und denen des Rückenmarkes, bei akuten oder bei chronischen Wasserergüssen in die Gehirn- oder Rückenmarkshohlräume u. s. w. bei Tieren, spez. Pferden, analoge oder gleiche Erscheinungen wahrnehmen können, wie bei gleichen Krankheitszuständen des Menschen, so lassen sich auch sehr wohl Vergleiche zwischen dem idiopathischen Irresein des Menschen und dem Dummkoller der Pferde (interne Hydrocephalie der Pferde), zwischen consensuellem Irresein des Menschen und dem sympathischen Nervenleiden der Tiere, von dem bei Menschen vorkommenden Tabes dorsualis mit der Rückenmarksdarre (Zuchtlähme) der Pferde und Schafe (Traberkrankheit) ziehen, wie es auch feststeht, dass Epilepsie nicht allein bei Menschen, sondern auch bei Pferden und anderen Haustieren anzutreffen ist.

Es ist hier nicht der Ort, näher auf solche pathologische Zustände, welche bei Pferden als Geisteskrankheiten aufzufassen wären, einzugehen, vielmehr muss bezüglich derselben auf die Lehrbücher der vergleichenden Pathologie und pathologischen Anatomie, der Pathologie und Therapie der Haustiere verwiesen werden.

Aus dem bisher Mitgeteilten geht sicherlich hervor, dass das Pferd eine bestimmte geistige Befähigung, nämlich Verstand besitzen muss, Verstand insofern, als es angesichts sinnlich wahrnehmbarer Dinge sich von diesen eine Anschauung machen, zu unmittelbaren sinnlichen Vorstellungen kommen kann, auch imstande ist, aus solchen Anschauungen eine Reihe richtiger Schlüsse oder einen Schluss ziehen zu können.

Noch nie ist es hingegen gelungen, nachzuweisen, dass das Pferd oder irgend ein anderes Tier Vernunft besitzt, d. h. das Vermögen, Begriffe zu bilden oder sich Vorstellungen von nicht oder nicht unmittelbar sinnlich wahrnehmbaren, sondern nur gedachten Dingen zu machen.

Fritz Schultze (in seinem vortrefflichen Buch über „Tierseele") sagt mit vollem Recht:

„Begriffe sind verallgemeinerte Anschauungen, die von den Einzelvorstellungen abstrahiert sind. Der Begriff ist also nur etwas Gedachtes, nichts Wirkliches, keine Anschauung. Das Vermögen, welches abstrakte Begriffe bilden kann, heisst Vernunft. Das Vermögen der abstrakten Begriffsbildung, d. h. des Denkens, des Ueberlegens in diesen Begriffen, abgesehen von der sinnlichen Anschauung, unterscheidet menschliche Erkenntnis von der tierischen. Die Tiere haben das Vermögen der Anschauung, des Beziehens der Anschauungen auf einander, d. h. des Schliessens nur angesichts der Anschauungen, nicht ohne Anschauungen."

Wundt äusserte sich in seiner Psychologie, wie folgt: „Die intelligenzähnlichen Associationswirkungen bei Tieren und eine Ver-Verknüpfung derselben sind immer direkt durch Sinneseindrücke erweckt, oder auf mittelst derselben reproduzierte Vorstellung beschränkt. Nur wo Begriffe, Urteile und Schlüsse oder eine freie, willkürliche Phantasiethätigkeit nachweisbar, ist wirkliche intellektuelle Thätigkeit vorhanden."

Weil nun dem Tiere Verstand, aber nicht Vernunft zukommt, erfahren wir auch, dass ersteres nur über eine Laut- und Gebärdensprache und nicht über eine artikulierte Begriffssprache, wie sie dem Menschen eigen, gebietet. Dieser Umstand verursacht aber auch, dass allen Tieren, auch dem Pferde, eine geistige Entwicklungsgeschichte nicht nachzuweisen ist, dass das heute lebende Tier sich in geistiger Beziehung kaum unterscheidet von dem gleicher Art, welches vor Tausenden von Jahren existiert hat und nicht einmal die domesticierende Hand des Menschen hat daran viel geändert; auch können Haustiere wieder verwildern und geistig das Wenige verlieren, was sie durch das Zusammenleben mit den Menschen gewonnen hatten. Ganz anders liegt die Sache bei den Menschen; wie der neugeborene menschliche Säugling mit seinem unreifen Gehirn geistig weit sich unterscheidet vom erwachsenen, mit fertigem, gesundem Centralnervensystem versehenen Menschen, so ist bei der Menschheit gegenüber dem Tierreich, im Laufe der Zeiten eine zum Vollkommeneren fortschreitende Entwicklung in geistiger Beziehung nachweisbar, denn der Troglodyte, welcher einst lebte, nur Höhlen zur Wohnung hatte, zuerst nicht einmal über Feuer verfügen konnte, und der heutige Kulturmensch, der über Telegraph und Telephon gebietet, differieren geistig in stärkster Weise. Der Mensch ordnet sich freiwillig einem Sittengesetz unter und handelt diesem entsprechend, das Tier thut solches nicht. Im höchsten Fall lernt ein Haustier gewisse natürliche Triebe, wie z. B. Drang nach Freiheit, beherrschen und sich gehorsam dem Willen des Menschen unterzuordnen, sonst wäre Zähmung und Abrichtung des Tieres unmöglich; von einem Sittengesetz befolgen ist hierbei keine Rede. Abänderung (Anpassung) des tierischen Triebes allein ist geschehen, weil man mit dem an das Tier gerichteten Befehl eine angenehme Empfindung und Vorstellung verknüpfte, indem dem betreffenden Geschöpf, das etwas ausführen sollte, ein Leckerbissen verabreicht oder es gestreichelt und liebkost wurde. Sollte das Tier eine ihm geläufige Handlung nicht ausführen, so verknüpfte man mit dem Verbot einen unangenehmen Empfindungsakt, man schlug es oder drohte ihm in rauhen Worten mit Strafen und erweckte hierdurch eine unangenehme Vorstellung.

Aus Instinkt handeln Menschen wie Tiere; letztere können instinktiv einen sogenannten Kunsttrieb besitzen, aber niemals, weil sie keine freie, willkürliche Phantasiethätigkeit, keine Ideale haben, denen sie in wirklicher Kunst Ausdruck zu geben vermögen, in Wahrheit Künstler sein. Deshalb werden Schillers Worte (Gedicht „Die Künstler") allezeit Geltung behalten, welche lauten:

„Im Fleiss kann dich die Biene meistern,
In der Geschicklichkeit ein Wurm dein Lehrer sein,
Dein Wissen teilest du mit vorgezogenen Geistern,
Die Kunst, o Mensch, hast du allein."

www.ingramcontent.com/pod-product-compliance
Lightning Source LLC
Chambersburg PA
CBHW022016190326
41519CB00010B/1546